想赢就要敢上场

周鸿祎
著

北京联合出版公司
Beijing United Publishing Co.,Ltd.

图书在版编目（CIP）数据

想赢就要敢上场 / 周鸿祎著. -- 北京 : 北京联合出版公司, 2024. 12. -- ISBN 978-7-5596-8066-2（2025.2重印）

Ⅰ. B848.4-49

中国国家版本馆CIP数据核字第2024D4Q498号

想赢就要敢上场

作　　者：周鸿祎

出 品 人：赵红仕

责任编辑：管　文

北京联合出版公司出版

（北京市西城区德外大街 83 号楼 9 层　100088）

嘉业印刷（天津）有限公司印刷　新华书店经销

字数：81千字　880毫米×1230毫米　1/32　印张：6.5

2024年12月第1版　　2025年2月第3次印刷

ISBN 978-7-5596-8066-2

定价：56.00元

序言

先说一个故事。

1999年，我刚刚融到200万元，特别急于出名，特别急于兜售我的产品和公司。因为只有出了名才有眼球经济，才能进一步融资，做大做强。那段时间，瑞士达沃斯论坛在中国搞了个活动——“中国青年精英25人”。我当然不在这25人里。当时，除了被邀请，还有另外一条通路可以参加，就是为这场活动提供赞助，这样就有机会在会上发言，但我依然没有资格。

后来，有个中介找到我，声称只要赞助10万元，我就能在晚宴上发表演讲。实际上懂行的人都知道，晚宴赞助商可以讲话，但基本就一两句，类似于“大家好，我是某某公司的某某某。这顿晚宴是我赞助的，祝大家好胃口”，自我介绍完，就下台去了。

我哪知道这么多规矩？当年的我，初生牛犊不畏虎，一听赞助10万元就能在达沃斯论坛上演讲半小时，据说比所有参会代表演讲的时间都要长。我马上写好了一篇洋洋洒洒足够讲满半个小时的文字稿。晚宴上，我一上台就感到气氛不对，旁边施瓦布博士的眼神也充满疑惑，他可能没见过哪个晚宴赞助商会拿一沓稿子上台。我接过话筒，打开稿子就准备念，但其实底下压根儿没有人听，大家都忙着交谈吃饭。我念了没几句，施瓦布博士就说“it’s over（可以结束了）”，说完就来夺我的话筒。这不是要夺我的命吗？我当然没松手。僵持之下，我急了，对着话筒说：“晚宴是我赞助的！”全场哄堂大笑。

我的脸皮和这10万元比，和宣传我的公司比，一点都不重要！那时候，我们刚刚到手的融资是200万元，10万元就占了5%。既然钱花了，就一定得值回票价。

台上的我，脑子里一片空白，那个状态我到现在都记得很清楚。大家一直在笑，而我就只有一个信念：跟人家干到底！所以，我拿后背挡住了施瓦布博士，他也从舞台中央一直追我追到了舞台边缘，我们就在台上抢啊，追啊，这不叫“翻车现场”，这叫“飞机失事现场”。这个过程持续了大概二十分钟，直到我磕磕巴巴却又语速飞快地把稿子念完。台下特别欢乐，根本不知道台上发生了什么事儿，但台下有一位观众叫马云，那是我们俩第一次见面。马云觉得我是个特别有趣的人——见过脸皮厚的，但没见过像我脸皮这么厚的。

他注意到了我，大概是觉得我这人非常有意思，就留下来和我喝了一杯——喝的是咖啡还是茶，已经记不清了，他跟我说：“兄弟，你不能这么演讲，别说他抢你话筒，不抢你话筒，让你站在上面讲半个小时，大家也不知道你在说什么。”这些话，我到现在都还记得非常清楚。一晃眼，已经是二十多年前的事了。

直到今天，我还是很感谢当年的那个自己，受限于当时传播渠道的匮乏以及自身资源的局限，我拼命地想抓住每一个机会展现自己，而正是这一腔“敢上场、不下场”孤勇，支撑着我走到现在。

有两句话我曾在无数的场合反复提过：“先开枪，再瞄准”“想法不重要，强大的执行力才是拉开人与人之间差距的关键”。因为我一直坚信，想赢并拿到结果的第一步，就是敢于上场。只有让自己先站上舞台，一切故事才会有发生的可能。演讲是这样，公开表达是这样，当然，做人做事也是这样。

好像从学生时代起，我们接受的教育更多的是围绕语言的逻辑以及写文章的方法，有关对话、有关公开表达方面的学习，真的很少。这也就导致了我们中的绝大多数人一开口说话就紧张，一说话就结巴，人还没有站上舞台，心里先敲起了鼓。随着时代的变化发展、新平台和新机会的涌现，我们越来越重视公开表达的价值。

即使没有这些，我也始终坚信，所谓的公开表达并不仅仅发生在聚光灯下，而是出现在我们日常生活的各种场景中，与人沟通是一种公开表达，开会发言是一种公开表达，甚至分享八卦也是一种公开表达，因为它们的本质核心都在于：清楚你是谁，你要如何与人沟通，如何通过精准的表达达成自己的诉求，以及如何真诚地呈现在这个时代里对他人和世界的感受、态度和思考。

而其中，不害怕、不怯场是非常关键的底层心态，也是我写这本书的初衷。

过去一年，我一直鼓励企业家做IP，不仅是对新赛道和新主场的挖掘，更是一种关于公开表达的场景式实践。其核心目标在于，传达出我作为一个稍稍跑在前面的创业老炮儿的经验分享和总结：在变化了的新时代里，如何把自己推到人前；如何让别人看到自己；如何精准地自我表达与呈现，最大化实现自己的目标，打开新局面。

无论你是中小企业老板、创业者，还是渴望能够完成新计划、找到新突破的职场人士、学生群体，我都希望这本书能够给你一丝丝帮助和力量。这本书里有很多我的态度和观点，但也只是基于我自身经验的分享，希望大家不要觉得我在说教，更不要觉得有爹味。

这个世界最终是属于年轻人的，毕竟我们的人生不是道理的实验室，真实的世界就是一个巨大的小马过河。我希望，我们可以永远有少年的心性，永远有亲自下水去蹚一蹚深浅的勇气，活出自己的人生，找到自己的答案。

目录

上篇——公开表达

下篇 个人IP

第二章　心法：做IP的道

第三章　方法：做IP的术

上篇

公开表达

第一章

上场前的心态

消除紧张的秘诀是“不装不端有点二”

紧张是所有演讲的大忌。有心理学家说，人类第一害怕的不是死亡，死亡是第二位，第一害怕的是当众讲话。我觉得这种说法有点夸张了，既然当众讲话不可避免，那我们具体该如何避免紧张呢？**首先，心态上要做个调整，秘诀就是“不装不端有点二”。**

“装”是什么？我们在生活中经常说一个人装，就是说这个人弄虚作假，装大头蒜，明明没有那样的实力，非要把自己充起来，不懂装懂，这必然会出问题。

“端”是什么？是把自己的位置放得很高，觉得自己很了不起。要知道，在演讲时，听众实际上是有一种恶趣味的，如果演讲者很装很端，听众的反应是什么？我不一定信服你，我就要揭穿你。拿我自己来说，如果你又装又端，那就触发了我的神经线，我会忍不住想去呲你一下。

“不装不端”是什么概念呢？我自己有个秘诀：把自己当成nobody（素人）。在心理上真正做到不装不端，不觉得自己是牛人，不觉得自己是著名企业家。

不装不端从哪儿来的呢？来自乔布斯。乔布斯是我的偶像，他在斯坦福大学的演讲我看过很多遍。他讲了三个故事，通过这三个故事，总结出三句话：Stay humble、Stay foolish、Stay hungry。

Stay foolish，有人把它翻译成像傻瓜一样或者“大智若愚”。我认为是不对的。大智若愚还是装，我清楚我很聪明，我只是装傻充愣。这不是真正的空杯心态。只有真正把自己放下来，真觉得自己是个傻帽儿，才会虚心。如果你觉得自己很聪明，就会老想教育大家，可能就会被人攻击。乔布斯说的“Stay foolish”，我觉得翻译过来的意思就是“有点二”，我们中国人常觉得“二”就是傻。“不端不装有点二”就和“Stay humble、Stay foolish”比较接近，这不是直译，是意译。

做任何事情，无论是演讲还是创业，在自己没有成长为牛人之前，就真正做到虚心，把自己的姿态放低，这会对你有非常好的保护，会让大家真的愿意帮助你。

成了牛人，你依旧要待在地面上，说话依旧要谨慎。你会发现，这几年很多企业家出问题就是因为把自己放在很高的位置上，要么端，要么装。因此，一定要在心态上把自己放低，一旦真觉得自己是nobody，就要过面子关，所谓的“脸皮厚”“不要脸”，不是不知廉耻，而是很多时候得明白，要里子不要面子。

这么多年，我和很多媒体打过交道，几乎没觉得心累过，因为我不会见到每个媒体都假装称兄道弟，巴结着。装是非常累的。这么多年，我始终把自己的心态放低，我就是nobody、屡败屡战的创业者，这才是少年心态。大家都说我是“红衣少年”，而且一直是少年。我想起了小米的广告语：“身经百战，归来依然是少年。”讲的是同一个道理。

少年一般没有江湖经验，不是江湖老炮儿形象。如果你是江湖老炮儿的形象，又装又端，又没有江湖老炮儿的实力，那就是找打，很容易被人击溃。如果你不端不装，以本色示人，不管多大，都还会有点少年的感觉。少年容易犯错误，是成长的代价，大家也会相对宽容。

我情商不高，王石吐槽过我。有一次，他请我去玩赛艇，我不喜欢那玩意儿，就直接拒绝了。对我来说，喜欢就去，不喜欢就不去。王石觉得我很有个性，可能换个人都不会这么直白地拒绝他。所以我会说自己有点“二”，有点傻气，有点率真，经常会说“我不懂”“我不知道”，虚心地问问题。这本来不就是我们应该做的吗？不端不装的时候，你肯定最松弛，因为别人打不倒你。打你什么呢？你有的缺点都暴露出来了。

演讲不能完全是假的，说我装作不紧张，我装作自嘲，我装作谦虚。这个是装不出来的，而且所有人对这个装和端都能察觉。

所以，有人灌“鸡汤”说，演讲中自信最重要。我比较不喜欢这种鸡汤，就像教练天天跟我说：“相信你的脚，发力！”我站在岩壁上，我的腿哆哆嗦嗦的，鬼才能发出力来。所以，我跟大家讲：“自信点！演讲勇敢点！走上去。”这话白说。因为你不知道怎么勇敢。就像我把大家都拴到岩壁上，拉到两层楼高，说：“不要怕，跳下来吧。”你肯定会在心里把我骂上一百遍、一万遍。

所以，关于演讲时避免紧张，我分享的方法是：第一步，把自己的心态调整到“不装不端有点二”。

擅于自嘲、自黑，而不是自我吹嘘

不装不端怎么落实呢？就是要勇于自嘲、敢于自黑，而不是自我吹嘘。

在演讲的过程中，如果敢于时不时地自嘲、自黑，那么演讲就算成功了一半。现在，我已经把自嘲、自黑变成了习惯。这个方法非常有效：我都说自己脑子不好使了，打牌算不了牌，别人还能嘲笑我笨吗？我都说我的个头和姚明比差得很远，别人还能嘲笑我矮吗？

中国有四种类型的企业家。第一种是伟大的企业家，比如王石。第二种是普通企业家。第三种是文艺类的企业家，像豆瓣的CEO杨勃，必须有浓厚的文艺情怀。我属于比较少见的第四种——“二愣子企业家”。我这么说，别人还能怎么批评我呢？一个比较二的人要是说了一些不太正确的话，大家还是会很宽容的。

大家都不喜欢看聪明人卖弄聪明。大家都很累了，看短视频、看直播、听演讲不就是图一个乐吗？大家不就是喜欢看有点愣的人，看真实的人吗？《憨豆先生》为什么很好看，也是这个道理。一个太精明的“老狐狸”，说话滴水不漏，非常圆滑，说了什么，但其实什么都没说。最近，360的数字人就训练到了这个水平，比我说话圆滑多了，你问他：“老周喜欢哪位女明星？”他会告诉你老周不喜欢女明星，但尊重演艺圈，老周既尊重女性也尊重男性，就差说老周连ChatGPT都尊重了。

自嘲自黑是一种方法论，但不能装，这是装不出来的，还是要做到内心谦虚。那些在生活中经常反思的人，才能真正做到不装不端。自嘲自黑并非只是面对伟大企业家时才表现出来的谦卑，而是无论是做speaker（演讲者）、做panel（专家），无论听众是谁，政府官员也好，内部员工也罢，都需要谦卑。这和面对什么人无关，更不是见人下菜碟，而是一种以不变应万变的态度。

经常反思自己的人，展现出的谦卑，其实是真正的自信。就像王朔的小说里经常夸一个人："你是真深沉，不是假深沉。"什么叫真自信？就是能够直面和嘲笑自己的问题。很多时候，与其等着别人来嘲笑，不如自己先一步嘲笑。有些人在面对别人的嘲笑时，承受不了，就容易发怒、情绪失控，大脑就会失去理智，可能想咆哮反击，甚至想一爪子把对方撕碎。当别人嘲笑或攻击你时，如果你能够通过自嘲回应，往往就能成功化解掉所有攻击。大家想想，是不是这个道理？

尽管很多自媒体、直播号需要挣钱，但我还是主张大家不要以上帝、拯救者、布道者视角，摆出一种高高在上的姿态。因为把自己的位置放得越高，你就越会感到紧张；觉得自己收了费，讲课就必须比罗永浩要讲得好，那么压力自然会很大。

因此，学会自嘲自黑这个技巧是非常重要的。

曾经，我去录制了郭德纲的一个节目叫《郭的秀》。我去参加节目时，郭德纲觉得如遇知己、如久旱逢甘露，因为我们之间可以互相调侃、互相挖坑。那时，岳云鹏还没成名，当我们俩都黑不下去时，就共同黑岳云鹏，效果很好。那次录制，原计划是录一个小时，结果我们俩录了两个半小时。我认为，能在郭德纲的“黑”下存活下来的唯一技术，就是他黑我时，我也自黑。比如，郭德纲问了我一个很尴尬的问题：“你的公司叫360，那我也做个公司，叫250好不好？”这个问题要怎么接话呢？我马上说：“大哥真是太了解我了，大家都觉得我们是250，因为我们做免费杀毒软件，自己不赚钱，也不让同行赚钱。”接着郭德纲又问我：“听说你的人缘不好，和同行关系怎么样？”当年“3Q大战”[1]刚结束，我马上回了一嘴：“我们和同行的关系和你跟同行的关系差不多。”后来，郭德纲还安排岳云鹏上来问我：“听说你的员工都用瑞星、金山，你怎么看这件事？”我说：“当然是这样，只有研究对手的产品才能更好地了解用户需求。”这些问题，如果你觉得是羞辱，那它就是羞辱；如果你觉得是伤害，那它就是伤害。如果你像孔乙己一样涨红了脸，结结巴巴地说：“郭德纲，你怎么能这样？”那节目就没法看了。

人生苦短，何必把自己放得那么高呢？放低一点姿态，更接地气，离基层用户更近一点，这样大家会觉得你平易近人，也容易接受你。

有人问我：“在路演、面对投资人和媒体记者时，是否应该吹嘘自己呢？那时候还能怎么自黑呢？”

我的一个方法是：可以用事实和数据把结果描述

1 “3Q大战”，指2010—2014年，奇虎360公司与腾讯公司之间发生的一系列激烈的商业竞争和法律诉讼。

得很牛，但不要在表达方式上显得很牛。这两者是有差别的，有的人喜欢用浮夸的方式描述自己，别人往往会很反感。用一种谦虚的方式讲，但内容很牛，这种表达方式叫什么？不就是“凡尔赛”吗？比如，某位经常去攀岩馆运动的女士，有一天说：“太热了，我要把我的钻戒摘下来凉快一下。”这时我们才知道，原来这位女士戴了一枚五克拉的钻戒。

我经常需要向大领导汇报360是干什么的，面对大领导，吹牛是最忌讳的。我说360是全世界最棒的安全公司，全球第一，遥遥领先，领导不一定信，因为友商也会这么说，领导分不出来到底谁真谁假。所以，我通常会给领导讲个故事，我会说我们一帮人挺二百五的，闯入网络安全市场的时候什么都不懂——这里我就开始自黑了。我接着说，同行的杀毒软件卖得很贵，我的杀毒软件没有什么优势，唯一一点就是免费。没想到免费的效果出奇地好，超出了所有人的意料，全球两百多个国家，15亿用户都用了我们的软件。

我们原本是做搜索引擎的，就想着能不能把安全数据会聚到云端，来做大数据的人工智能分析，看看用户的反应，没想到我们是世界上第一家这么做的公司，于是就变成了安全大数据规模最大的公司。360在突破“看不见”难题上也取得了重大成果：我们累计捕获了境外APT（高级可持续威胁攻击）组织54个，其中360发现的占98%。特别是第一次发现了某大国两个情报机构对我们国家的渗透和攻击，因此我们受到某大国的双重制裁。所以，现在我们的处境很艰难，但我们会一直努力下去。

吹牛也可以有吹牛的方法，你可以用自黑自嘲的方法，而不是趾高气扬的方式。所有人都喜欢谦虚的人。尽管我们常说年轻人要意气风发，话虽这么说，但这种说法可能会误导年轻人。在社会上，即使是同龄人，也都喜欢谦虚的人。我们要适应这种变化，这并不是说要变得庸俗，而是要赢得他人的喜欢和投资人的信赖，这样我们的想法才能实施下去。如果最后，每个人都不喜欢你，那你再意气风发，再口出狂言，又有什么用呢？如果只靠口出狂言或靠意气风发就能成功，那么这个世界早就被说大话的人占满了。

第 二 章

如何有效开场

三个技巧，降低听众的戒备心

听众是有戒备心的。听众对台上的人，要么是有所期望，要么是在潜意识里就带有了一丝丝挑战欲。面对这样的情绪和心态，如何降低听众的戒备心，是个难题。

在这里，我有三个技巧。

第一个技巧，讲一个笑话。这也是我以不变应万变的万能之法。最好是一个自嘲的笑话，并且平时就练习好，随时随地可以拿出来使用。如果你还没有，那就抓紧找。

我常备好几个笑话，上台总是先用它们来开场。

因为PPT上有我的名字，我说我为什么穿红衣服，大家就会认真倾听。我接着说：很简单，网上传什么红衣大炮，都是谣传，因为我老喜欢穿红衣服，所以大家都叫我“红衣大叔”。为什么我喜欢穿红衣呢？红衣大叔为什么一直穿红衣？网上有很多版本的谣传：红色衣服吉祥；红色衣服让脸色好看；红色衣服有革命的颜色，周鸿祎有一颗红心，心向祖国。这些说法都太抬举我了，真实的原因很简单。我从小到大总是被人叫错名字，大家总会叫我“周鸿伟”。很多大领导也称呼我“鸿伟”，很多场合我不方便纠正。作为提醒，我决定穿件红衣服，暗示一下领导：红衣、红衣，我是周鸿祎。这个故事，既有点自嘲，也有点自黑，我用了很多年，你们也可以拿去用，前提是你得先改名字。

只要把观众逗乐了，你和观众的距离就拉近了。观众放松了，其戒备心也就减弱了，由此你的状态就会更自然、更松弛。

再比如，很多时候我需要介绍360的来历。有时候是面对投资人，有时候是面对观众或领导，我会说："360的来历有三个版本，您想听哪一个？有刺激的版本，也有庸俗的版本。庸俗版就是我们做的是网络安全，360度无死角，这是我们最早的本意；第二版，这家公司做大之后有人给我算过命，说360就是一周，360姓周，所以360是姓周的公司。我这个话说得不太对，360也不是我的，是时刻准备献给国家的。"

这种段子是可以提前编好的。现在我也会说一个新的版本：当年我们年少无知，懵里懵懂地闯进网络安全市场，做了全球免费的安全杀毒软件——终身免费、永久免费、彻底免费，最后自己不挣钱，还不让同行挣钱。同行都恨死我们了，亲切地称呼我们为'一群250，却想做110该做的事儿'。我会接着问："领导，您想想，250+110等于多少？"领导一想："250+110，可不就是360嘛。"我说这就对了，360就是一群立志做网络安全的年轻人，有点二的精神，才把今天这个事情做下去。

这样一来，自然给大家留下了深刻的印象。假如我上来就说："我是周鸿祎，是著名企业家、全国政协委员。"这样的企业家在我们国家多如牛毛，谁记得住啊？我穿红衣服，叫鸿祎，360这个名字也有特殊的含义，你是不是就记住了？

有一点一定要注意，那就是开场笑话一定要合适，千万别张冠李戴。给大家讲个负面的例子。有个老神父很善于布道，一个年轻的小神父在给别人布道时总是很紧张，于是来找老神父请教。老神父讲的方法和我一样：你先讲个笑话，让大家笑一笑，然后你就放松了。小神父说："你给我讲个故事吧。"老神父就说："你可以说，昨天晚上我和一个女人在一起，大家听了一定会很哗然，然后你再说，那个女人是我母亲，我和我母亲在一块儿祈祷，大家就会哄堂大笑。"小神父记住了笑话的前半段，却没记住后半段。第二天，他在布道时就讲了这个笑话："昨天晚上我和一个女人在一起。"全场一片哗然，等着他说下一句，但他结结巴巴地说："我忘了那个女人是谁了。"简直是一场灾难。

所以，大家千万不要把别人的笑话生搬硬套到自己身上。切记！

第二个技巧，捧别人。很多人可能误解了我的某些做法，觉得我是在黑朋友，其实我是在捧朋友，朋友是不能用来黑的。我们当然可以通过抖包袱来捧别人。比如，在风马牛的活动上，我在热场时调侃冯仑，我表达了对冯仑的感谢，说他比我大十岁，我从他身上学到了很多经济知识、社会知识。我还特意加了一句：当然也学到了很多生理卫生知识。为什么要加这一句？其实就是为了让大家听起来乐一下。因为我和冯仑是老熟人，当时我是去给冯仑撑场子的。同时这也算是冯仑自黑的一个点，因为冯仑并不以讲段子为耻。相反，在行业里，他是以自己的段子为荣的。所以，我讲这些话是对冯仑的恭维，而不是黑他。

如果大家在网上看过我的视频，就会发现，我基本上不黑别人，都是先抑后扬、明贬实褒。包括之前我在不同的场合中看起来是调侃马云，实际上是夸赞马云，可能描述的细节有点夸张。这些故事传出去，你觉得当事人听了会生气吗？不会的。关键在于：捧人要真心，不能装。

与此同时，一定要区分好“黑”和“人身攻击”的界限，时刻牢记我们不是要黑朋友，而是要捧朋友。如果这个技巧掌握不好，那就直接明捧。

第三个技巧，如果不能自黑，也不会捧人，我的建议是不如串下场。虽然你不一定是主持人，但很多时候参加论坛，整场活动不会只有你一个人发言。你可以把别人的发言要点做一下总结，这样会有两个很显著的效果：第一，说明你在认真听，很尊重别人，也能够吸收到别人发言的精髓；第二，你把别人精华的观点拿来再讲一遍，会给别人留下一个很睿智的印象，这些演讲者听到自己的观点被你提到也会很高兴，因为他们的观点被重复，他们讲的内容也就得到了再次传播。

第 三 章

如何有效组织内容

不要冗长，最好讲三点

开场讲完了，我们来谈演讲的主要内容。马云有一个观点我非常认同，那就是内容不要太冗长。讲话可以短一点，不是给你三十分钟，你就一定要讲满。马云经常叫我“12333”，因为我之前讲话喜欢啰唆，在公司经常是开会半小时，讲话三小时，员工很辛苦，膀胱都憋坏了，而我讲到最后也没达到效果，因为他们的心思已经不知道跑哪儿去了。**所以，讲话最重要的是传递信息。**

马云的方法非常有效，开场讲个笑话，讲完之后一定要提纲挈领：我今天就讲三点。你要真的只讲三点，并且反复强调这三点很重要！这样一来，冗长无用的信息就可以第一时间被排除，语言也会越来越精练。即使你的演讲被迫结束，或者后面讲的东西不好，也已经不重要了，因为这三点已经深深印到观众的脑子里了。

人的注意力是有限的，也是容易分散的，他们偶尔听，偶尔不听，你控制不了。因此，占时长的东西不划算，也没效果。比如看直播，有人就看个两秒钟或者一分钟，听到的东西都是碎片化的；再比如看短视频，看着看着就滑走了。所以，做直播也好，做短视频也罢，**把你的观点直接说出来，反复强调，相比长篇大论，会给用户留下更深刻的印象。**

有一次，我讲了AI十大趋势，还讲了AI信仰、All in AI、含AI量等相关内容。讲完了，现场有个博主对我很支持，回顾我的内容评价挺高，说都是干货。接着他做了个总结，说AI的十大趋势，第一点是All in AI，第二点是×××，第三点是×××……我发现他记得乱七八糟，不仅顺序是错的，内容也和我表达的不是一个意思。这就说明，我的信息传递是无效的，点太多了。我讲了十大趋势，大家哪记得住啊！

经过复盘，充分总结了经验教训，下次再讲AI，我可能就不会那么讲了，我会只讲三点：第一，你有没有AI信仰？第二，你的公司有没有All in AI？第三，你的公司有没有含AI量？这三点，每个点讲一个小时，并且不断重复，加深大家的印象。我开玩笑说，回家让老婆问你：今天周鸿祎讲了什么？你可以准确知道他就讲了三点：AI信仰、All in AI和含AI量。这样，有效传播的目的就达到了。

对演讲者来说，内容不冗长，就讲三点，还有一个好处，就是可以防止跑题。当然，有的演讲嘉宾和我一样，跑题之后还能跑回来，有的嘉宾跑题之后干脆就不知道跑哪儿去了。而有了三点，万一跑题了，我们还可以往回搂。我们都知道，演讲中做到脱稿是最高水平，脱稿其实很难，很多时候我们要借助提词器。**提词器不能解决所有问题，最重要的是把提纲牢牢记在脑子里，提纲记住了就不会犯太大的错。**比如，我遇到马云，讲多一点还是讲少一点重要吗？不重要。我讲360的故事，放在第一点讲还是第二点讲，重要吗？也不重要。我讲的这三个观点，最重要。

当然，上来就讲观点的另外一个好处就是，可以快速吸引大家的注意力。如果一上来不讲观点，就像我们上中学写作文时养成的坏习惯一样，先引用名人名言、抒情排比，结果抒情了半天，第一段都念完了，大家还不知道你到底在讲什么。一定要对一件事做好充分的心理准备：用户不会全程用心听，不要指望用户在头脑中帮你总结。因此，你要帮他总结出重点，准确清晰地表达出来。

最后，在演讲结尾的时候，一定要把这三点内容重复一遍。演讲成功，在结尾重复三点能够加深记忆；演讲不太成功，总结和重复是最后的补救机会，记得态度要诚恳："今天谈得不太好，但是这三点要记住。”“今天我脑子不在线，谈得比较啰唆，总结一下，就是这三个简单的点。”

核心目的只有一个，掰开了，揉碎了，重复再重复，让大家牢牢记住你说的内容。

一个观点配一个故事，多讲挫折，少讲传奇

演讲中，我们总容易忽视一件事，听众对干巴的论点可以接受，但对类似中学生议论文一样大段的逻辑论证没有任何兴趣。**用户喜欢听八卦，八卦的本质是什么？是故事。因此，每个观点最好配一个故事。**

故事是最容易复述的，而背稿子就很难了。我讲完马云的故事，让你复述，你基本能复述出来。在复述故事时，人心里没有压力和约束，可以用自己的语言，可以添油加醋，更改版本都可以。因此，在演讲时，一定要讲故事。

乔布斯在斯坦福大学的讲话，核心不在于你是否

看了一百遍，最打动人的是他讲的Stay humble、Stay foolish、Stay hungry，也就是我说的“不装不端有点二”。如果他上来就只讲这三个观点，你会相信吗？所以，他讲了三个故事。

三个故事都非常打动人，都是真情实感。第一个是关于他当年如何退学，如何没饭吃，这个故事很感人也很励志。第二个是他被自己创办的公司开掉，这是他不愿意提的事。看过他的自传，我们就能知道，他最伤心的事是被苹果开掉，当时他把所有的股票都卖了，因为他不愿意回忆，这对他来讲是奇耻大辱。当年硅谷有很多聚会，但硅谷很势利，很多聚会不再邀请他，他有一段时间很寂寞。虽然他创办了NeXT，但大家觉得他过气了，out（落伍）了。他坦然面对这一切，面对自己最不堪的往事，这时候这个男人就变得非常强大。也有人羞辱乔布斯，说他要是乔布斯就把公司关了，把钱还给股东，回家睡觉。乔布斯也只是回了一句脏话。在演讲中，乔布斯说时间有限，别浪费生命。这种干巴巴的道理谁都可以随便讲，但随后他就说了第三个故事：分享了自己患胰腺癌的消息。要知道，像他这个级别的上市公司的老板，对公众公开患病消息是会影响到很多投资者的投资和决策的。乔布斯在演讲中说的三个故事，支撑并丰富了他的演讲。

之前我看过媒体的一个采访，被采访者提到一个老农民给他提供了最宝贵的人生建议，他讲了很多情节：在一个夏天的午后，非常闷热，树上没有多少叶子，农民的表情如何，等等。**故事一定要发挥，故事一定要讲细节才能打动人。**

就像我在达沃斯论坛举办的那个活动上抢话筒的故事，我描述了自己和博士在台上是怎么跑的，场下的人是怎么笑的，以及整个场面是多么荒唐。这样，对听众而言，故事才有代入感。毕竟讲自己的故事，听众更能感同身受，亲身经历总是更有说服力。乔布斯的故事偶尔可以用一下，但如果总是讲别人的事，大家为什么要来听你演讲呢?

故事的挑选要符合前面提到的原则，我的建议还是多讲教训、多讲挫折、多讲失败，而不是吹嘘自己的传奇。因为说实话，过往已经成功的企业家的成功案例中，偶然因素占比很大。这也是为什么很多企业家东山再起的概率很小。因为即使你把这些企业家找出来再给他们一笔钱，现在也已经不具备当时的天时地利人和了，他们想再复制当时的成功是很难的。

所以，有时候讲成功大家没法学，即使每个人都上台分享自己的成功方法，大家实际上也是学不到的，因为能学到的东西不一定真的能够分享出来。但失败的经验大家都会比较有共鸣，因为绝大多数人会经历失败，讲失败也符合我前面说到的谦虚。

好的故事是用内容打动人，好的故事是靠数据打动人。最近雷军做了一个PPT让我很惊讶，小米趁人不注意，把发动机的转速做到了每分钟2.7万转，这个数据比其他任何表述都有说服力。如果雷军没有说这个数据，如果乔布斯没有讲自己真实的故事，就只是说生命短暂，要珍惜时间，那他们就是在说大话、说空话。

第四章

演讲中的七个诀窍

讲真话、讲实话、说人话

我们得承认，很多时候不说人话、打官腔，只用书面腔或播音腔来演讲，会让演讲的感染力大打折扣。我们不妨把自己代入听众，一旦有人上台四平八稳地讲一些套话，你一定会觉得他在浪费你的时间：为什么要听他讲这些东西呢？只有真实地表达个人感受，观众才能有同理心，才会感同身受。**想想我们在日常生活中，是不是真心话、大实话最能打动人？**当你认错的时候，当你和一个朋友喝了酒，推心置腹地交流的时候，你会说套话吗？

举个例子，AI是我一直在研究的领域，之前我在谈AI的十大趋势时就讲了真话，因为没有人相信这十大趋势都是我总结的。我说，我总结了其中四条，另外六条是我东拼西凑抄来的，混在一起凑成十条。我还说这十个预言可能有不准的成分，但到了明年年底，估计我说了什么你已经忘了，也不会跑来和我算账。这种真话往往既含有自嘲的部分，也含有自黑的部分，同时也反映了我在演讲中的基本原则，那就是真实。**实话有真实的力量。**

我们看那些大的博主、厉害的演讲者和沟通者，都是说真话的。像董宇辉，典型的说真话、说实话、本色出演，因此我们都喜欢他。你仔细想想是不是这个道理。

另外，大家在演讲时，千万不要觉得是在做书面汇报，就用自己最平实的语言和日常的说话方式。我们说“说人话”并不是说你平常说的是“鸟语”，是指就用你日常生活中的语言来表述。

讲真话、讲实话、说人话，会不断拉近你和听众的距离。

我讲了这么多，其实始终紧扣一个原则：放低自己，拉近和观众的距离，让观众觉得你是自己人——你是自己人，你的话我就能听进去。为什么乔布斯、罗永浩都被号称具备“现实扭曲力”？试想，如果他们把自己放在高高在上的位置，大家都只能在地上抬头仰望，他们说了什么我们还听得进去吗？

在外面讲课的时候，我会讲到360，讲多了，大家难免有些抵触情绪：本来是来听他讲商业道理、讲人工智能的，结果要听他给360做广告。遇到这种情况，我会用最简单的方法：“这次演讲我没有收费，但是不能白来。下面，进入一段广告时间，请大家给我五分钟吹嘘一下360。”我这样讲，大家还好意思不听吗？

真诚最能打动人心。

我真诚建议大家，不是不能写“小作文”，而是可以在某种意义上用小学生写作文的水平来准备自己的演讲，因为小学生作文用词简单，大家能听懂。如果你一上台讲的都是黑话，什么私域、闭环、对齐，传播效果就不会太好。因此，少用术语、行业“黑话”，多讲大家听得懂的真话、大实话。讲真话时不要怕露怯，不要怕出错，不要怕丢人，也不要怕被嘲笑，就按最打动人的方式去讲。

慢慢地，这些就不再是技巧，而是成为你的习惯。

最高明的演讲是精心准备后的信口开河

我们来聊聊脱稿的问题。

在风马牛演讲之前，我做了一场四十分钟的脱口秀，大家看过吗？大家认为我提前做过准备吗？我保证我是做了充分准备的。你们可以问我们市场部的各位同事。每次演讲前一周，我们团队就会一起讨论提纲，我们有“武器库”，有文案库，至于铺什么观点，说什么笑话，抖什么包袱，配什么图，我们会不断推翻自己，经过好几轮开会讨论再确定。

当然，我承认我是不过现场彩排的，因为彩排需要激情。如果我在大家来之前就讲过一遍，那么等大家真的坐在台下的时候，我就萎靡不振了。但是，不彩排并不等于我不会对演讲内容反复多次背诵。

你之所以觉得我对要讲的所有内容非常熟练，那是因为我在内部已经讲了很多遍，练了很多次。**我们是有稿子的。真正高明的讲法是用提词器把提纲和要点列出来，但你得把逻辑记在心里。其实，很多片段的故事是不用逐字记忆的，你知道讲这个故事，并用最自然、最舒服的语言讲出来就可以了。**大家一定不要被我们呈现出来的表象所误导，认为我们什么都不准备就可以站在台上嘻嘻哈哈、侃侃而谈。如果你这么想，也这么做，那迎接你的肯定是灾难。

当然，我现在也有直接念稿子的情况，比如向领导汇报工作，这是不能说错话的，属于特殊情况。

在日常的演讲或直播中，念稿子是最差的交流方式。站在台上抬头看看大家，再低头看看稿子，效果怎么可能会好？要做到脱稿，记忆力的培养绝对是需要下功夫的。现在很多场景都配备了很好的提词器，在镜头前面有面屏幕，如果你完全不做准备，一味依赖提词器，你的眼神会是闪烁的、迷离的，照着提词器一字一字地念和你按照一个提纲自己展开去讲，给人的激情感是完全不一样的。这么多年，我就没有见过谁念稿子还激情澎湃的。

当然，我不是说大家完全不能借助提词器和提词卡。你知道美国总统的提词器可以牛到什么程度吗？电视转播时看到奥巴马在那儿喊“Change! Change!”，你觉得很有激情，实际上现场的很多地方都放了提词器。提词器写到什么程度？“在此处应该举手高呼口号。”“在此处停下来看看你右前方的老太太，并且向她微笑。”这不是谣传，我看过一个内部培训资料。美国人为了达到最终的效果，总统讲话都要做专门的训练。这也从另一个角度印证了：**永远不要相信一个人没做任何准备，就站在了台上，你看到的“随意”背后都有着大量的提前准备。**

这么多年，我都是采用笨方法，只要是超过十分钟的演讲，我都必须准备。所有的内容都要和市场部一起开会反复斟酌，这是他们最痛苦的时候，因为我要反复改稿子。改到什么程度？我稍微“凡尔赛”一下，我们上市的时候，路演只有三十分钟，但相关的内容我们准备、调整了六十多版，投行都被我改到要怀疑人生了。

有句话叫“台上一分钟，台下十年功”，说的真是太对了。2023年，我做了不下一百场有关AI的演讲，现在完全可以做到脱稿演讲。很多时候，人们演讲时不是没有稿子，而是稿子要么在手上，要么已经在心里了。

少一些宏大叙事

少一些宏大叙事，特别是面对创业者和企业家。

我在教创业者写商业计划书时，无论是讲真话，还是讲故事，都始终贯彻这一观点。无论是演讲还是日常沟通，如果一味地只讲宏观的东西，就相当于讲正确的废话。鸡汤是最不能打动人的，因为听了也是白听。大家来听演讲，是寻求方法的，这时候需要列举一些具体的建议。有很多博主就做得非常好："这次视频将带来三个赚钱的点，请大家赶快关注我，坚持看完这个视频。"

讲商业，就要讲你的产品能够解决什么问题，不要吹牛，也不要只是宏观地讲经济周期和怎么挺住。**让人信服，靠的是数据和事实。**我在前面已经讲过小米的例子，当雷总把发动机的转速讲出来的时候，大家是不是同样也非常震惊？小米总是能在你意想不到的角度举出一些数据。

再举个例子。我们公司生产的摄像头和小米的差不多，但小米的广告词写得特别好："四片全光学玻璃的镜头"。我就问我们公司的工程师：我们的镜头有几片？他说也是四片。我再问他：那你为什么不说出来呢？他的回答是：因为大家都是四片啊。但是你没说，在传播角度上就等于用户并不知道。我又问他第三个问题：我们的镜头是玻璃的吗？他说：是的，大家都一样。

很多信息业内知道，但我们不能默认用户和消费者也天然地知道，直接把"四片全光学玻璃"的信息说出来，是不是就可以给用户传递出专业和高大上的感觉？

很多时候，事儿就是这么个事儿，要看你怎么说。

目视观众，从“目中无人”到“目中有人”

我们说“目中无人”，本意是讲一个人过于骄傲，刚愎自用。但在演讲的情况下，我想强调“目中无人”的字面意思，如果你眼睛里看不到具体的人，你就会失去说话的准心，得不到说话的反馈，人也就会变得紧张。

很多时候，你要想象自己不是在面对很多人做演讲。假如你一上台满脑子都是台下有100万人正在看我的直播，那就坏了：不要太紧张！假如你只是在和这位美女或这位帅哥交流，紧张程度是不是一下子就下降了很多。这种把“一对多转化成一对一”的方法，我百试不爽。

我举两种负面的情况，大家就能懂我究竟在说什么了。

第一种情况是在大体育馆开全体员工大会，这时员工坐得很远，你站在台上根本看不到人，你会发现讲话的效果会差很多。我曾经在一个发布会上请过一位演讲大师，他遇到的就是这种情况。这位演讲大师是我们行业里的企业领袖，平常讲话非常顺畅有条理，但是那天在发布会上完全失常，平常睿智的演讲者突然变得特别紧张，局促到说话都语无伦次。究其原因，得怪灯光师。他把射灯直接打到了演讲者身上，尤其是脸上，他的眼睛被雪亮的灯光一照，只见台下一片黑，谁都看不见，于是他就慌了，因为没有人跟他交流，尤其是眼神交流。自此，我就学会了这一招：每次做演讲，一定要和台下观众交流。

其实，台下观众无论是点头、微笑，还是交头接耳、拿手机拍画面，在某种程度上都是一种反馈，可以给演讲者激励或者刺激。最可怕的是，你讲了很多，但台下毫无反应。我就遇到过这样的情况。我曾经去某部队做演讲，连讲了三个段子，但台下没有一个人笑。后来我才知道，因为纪律要求，没有领导命令，他们是不能鼓掌、不能乱笑的，他们所有人都板着脸看着我。你可以想象一下我的挫败感。当时，我只想赶快把这场演讲结束。这就像大模型和Prompt（AI模型提示词）一样，你给好的提示词，大模型就会给你更好的反馈，滔滔不绝；你没有反馈，大模型也就无话可说。

第二种情况是中央电视台等电视台做节目，经常会找一些观众坐在台下，其中有真的观众，还有专业的群众演员。前几年我去录制节目，现场空荡荡的，没有观众，我只好看着摄影师。关于这个做法，我练了很多年，原来在面对摄像头或面前只有一个摄影师时，我是讲不出话来的。现在，我会把摄影师当成朋友，不管认得不认得，频频冲着他点头示意，弄得很多摄影师也冲我不断点头。因为有了一个可以让自己目光聚焦并得到反馈的观众，“目中有人”，我就有了更多演讲的底气，不会放大紧张感。

要记住，演讲者也是需要被激励的。

互动还有两种方式，要观察观众反应

演讲时，我一般喜欢两种类型的观众：一类是目光鼓励型；另一类就是当我需要讲点段子的时候，他能成为我的“于谦”。具体说到和观众的互动，我总结了两种方式。

第一种方式，如果场下的观众没有反应，你可以直接问大家。比如，你们都相信GPT吗？你们觉得它是真智能还是假智能？认为是真的请举起手。这种做法看起来好像很傻，实际上是一种非常好的破冰方式。一旦有观众和你互动，那么至少有一位观众已经和你站在了同一个阵营里。你可以不断地通过问问题来互动，这就相当于做了一次调查，就像大家在直播间经常听到的，“认同的朋友请扣1”或“666来一个”。这和获取观众反馈，本质上是一样的。

第二种方式稍微有一点“损”，就是随便指着台下的观众，进行互动。你不是要讲段子吗？那就把段子加到他身上，反正大家都不知道你具体指的是谁，这等于牺牲他一个，幸福全场观众。

之前我就举过微信产品的例子。微信产品刚推出时有个爆发点，就是“摇一摇”功能，现在应该已经没人在用了。我一般提到这个功能时会说：“摇一摇，这位同学露出了会心的微笑，一看就是高手，请你给大家介绍一下微信使用的精髓。”这种互动稍微损了一点，但是能活跃气氛。观众也不知道你指的到底是谁，因此不会真的有人生气。

归根结底，演讲时不仅要关注自己的内容表达，而且一定要观察观众的反应。如果大家都在低头玩手机，交头接耳，面无表情，就说明此时你的演讲内容大家并不爱听，你就需要赶快结束话题，或者再讲一个段子，把大家的注意力拉回来。

出错很正常，脸皮要厚，也要真诚认错

出错怎么办？别怕，人都会出错。

短视频出错了，可以剪辑重来，但直播时出错了，是没有机会重来的，特别是下面还坐着大领导时。比如，你在直播时忘词了该怎么办呢？就大大方方承认自己忘词了。这也符合我们前面讲到的——说真话。不要害怕出错，你就老实告诉大家：真抱歉，我太激动了，现在脑子短路，忘了接下来要讲什么了，请给我两分钟调整一下。这时候，观众是可以接受的。或者你也可以直接提问观众，制造和观众互动的机会。就像那句话说的一样，“只要你不尴尬，尴尬的就是

别人”。

记得有一次我去听张朝阳的演讲，他忘词了，然后就站在台上闭上眼睛，全场观众都在窃窃私语。他就这样闭上眼睛待了三到五分钟，然后若无其事地重新开始讲，接着前面话题的第三点内容，开始讲第四点。当时他的做法给了我很大震撼，因为我从小接受的教育是出了错一定要改正错误，怎么能一点解释都没有呢？这一下子让我的心中充满了力量。

大家都是普通人，都会说错话，做错事儿。出错后，第一步要过的是面子关。

说到出错，有一点非常重要，那就是，错误已经产生，在心理上要告诉自己及时打住，接下来都是新的开始，千万别积累。积累就会让内心一直有压力，越积累，人就越紧张，越担心再出错，最后就会崩溃。崩溃不是一个错误导致的，而是无数个错误积累起来的结果。所以，脸皮要厚，不去掩饰自己的错误，越率真，大家越会包容和原谅。**大家最痛恨的是有错误**

不承认，还去掩饰。

说到这里，有一个场景是：被人攻击要怎么做呢？我们发现攻击有两种，一种是恶毒攻击，一种是正常攻击。公关说议题设定，遇到问题不要辩解，不要抵抗，就是不端不装，把自己的姿态放到nobody，对付一切攻击便可无敌。尤其不要互撑，不要接上攻击者的议题。举个例子，有人突然站起来说："周鸿祎，我觉得你讲的是狗屎，你是猪。"我要是撑回去说："你才是猪！"那么我们俩就都是猪了，或者我反驳说："我不是猪啊，冯仑、王石都可以证明周鸿祎不是猪。"那么第二天的新闻报道就是"周鸿祎说他不是猪"。你会发现，越抹越黑。正确的做法是什么呢？把对方的话接过来，顺着往下，你可以说："我的秘密都被你发现了！"你还可以反问："猪有什么不好吗？"你甚至可以把自己放到最低："我就是猪。"我都承认自己是猪了，你还好意思攻击我吗？

举个负面的例子，也是我当众失态的极少数例子。

在一次黑马大赛上，我担任总评委，有个小伙子为了博风头，突然站起来戗我，说360抄袭了他已经做好的一款软件，又把他的软件“杀”掉了，他成了受害者。当时，360早就做成功了，360把他的软件“杀”掉是有道理的。面对这种情况，换到今天，我根本不会生气，而是会说：“你说的情况，我回去调查一下，如果是我们的问题，就纠错。今天我们是创业大赛，不是讨论360和你的软件之间关系的场合，我们还是回到创业的话题上。”这样，我就摆脱了他的议题设定。

但当时我犯了一个错误，我一下就被激怒了，陷入了自证的陷阱，开始解释我没有“杀”它，我没有错。事实上，当时场上已经乱了。这种解释有人听吗？大家看热闹不嫌事儿大，最好我们俩打起来才好。最后我真的火了，砰地把话筒一摔，说“我要抽你”，说完就要冲上去，幸好被人拦住了。当时我若真打了他，那就是史诗级的灾难。人家不会记得他说了什么，只会记得一个个新闻标题，“周鸿祎殴打创业者”“周鸿祎殴打网红”“周鸿祎殴打主持人”，想想都可怕。

这件事给我的教训非常深刻：遇到这样的挑战不被激怒很重要，被激怒你就输了。面对任何问题，始终要保持谦虚的心态，能有多谦虚就要多谦虚。你是nobody，不是伟大人物，有什么都接受着，再用打太极的方法把它化解掉。

王阳明说“知行合一”，真正自信的人是敢于开放自己，敢于面对自己的不足的，也是听得进别人攻击自己的话的。无论是表情、心态，还是语言方式，能不能把自己变成谦逊反省的人、能接受别人批评和攻击的人，很重要。

用户视角，先谈Why，再谈What，少谈How

做演讲，和做产品是一样的，要从用户角度出发，关心用户有什么需求和问题，是否能够被解决。很多人在讲话时老是自嗨，自说自话，老想表达自己想表达的东西。如果观众不爱听，这些就是没有意义的。

因此，我们在设计讲话时，一定要想明白自己要讲什么。举个例子，很多创业者经常要跟风险投资融资，需要花几分钟讲清楚自己的企业，他们很容易因为忽略这个问题而变成“痛说革命家史”，把自己小时候怎么样，自己为什么要创业，自己创业又碰上了什么困难都讲一遍，啰里吧唆能讲一两个小时，又是抒情又是家国情怀，却把最主要的核心点给丢掉了。

因此，一定要关注听众的感受，了解他想听的到底是什么。大家不妨一起做一个“电梯推广”练习。假如你是一个年轻的创业者，好不容易遇到著名的投资人，你和他挤到了同一部电梯，从1楼到10楼，你需要在这么短的时间内用两三句话打动他，引起他的兴趣，得到进入他办公室深入谈话的机会。这听起来很像PUA，但在国外，这种场景下的对话就叫“电梯推广”，利用最短的时间抓住要害，也是一种演讲。演讲有时候就是越短越有力量。

这时，你不要直接去讲How（怎么做），要先讲Why（为什么），再讲What（什么），有时间就讲How，没有时间就不讲How。为什么要先讲Why和What？什么是Why和What？

第一，听众不知道你所有的细节，不能让他自己脑补。听众不是你的员工和熟人，你们之间还没有建立起足够的默契。比如，我把自己的笑话编了1000个编号，在内部管理层开会时，我只要说346号笑话，大家就哄堂大笑了，因为他们知道我在说什么。但用户不是的，用户其实不了解你，你讲任何产品都要先讲“Why”，也就是为什么要干这件事，解决了什么问题，这永远比产品本身更重要。

举个例子，假如我要给领导汇报360杀毒的功能，我上来就应该讲今天我们国家的战略是数字化，对我们国家数字化战略威胁最大的是数字安全。数字安全对我们最大的“卡脖子”问题是其他国家的网军攻击了我们的数字化系统而我们却“看不见”，这对我们国家形成了巨大威胁。因此，360立志要解决这个问题。领导最关心的就是你为什么要做这件事儿，能解决什么问题，创造什么价值。我们太多技术出身的创始人上来就讲“领导，我这个技术用的是云的技术、容器的技术，用了虚拟机”，领导听了半天，表情是平静的，但心里可能已经在骂人了。所以，要先讲Why。

第二，What是你的定位，就是你做的产品是什么，要面对什么样的用户，要进入什么样的市场。一般情况下，我不赞成大家在只有很短时间的情况下粗粗地去交流How。How是我怎么做的，How是战术，Why是战略，What是中间把两者衔接起来的内容。

“电梯推广”的练习对我帮助非常大。很多年前，IDG（美国国际数据集团）的一个大哥带我去谈融资，见的是软银的CEO，我一辈子都记得那个人的样子。那天，我们费了好大功夫，开了两个小时的车，甚至差点逆行——注意，我讲的故事细节是真的，但不一定完全是真的，只是为了让你加深印象——紧赶慢赶，最后还是迟到了，时间所剩无几，CEO还有半个小时就要去机场，而且他只听得懂日语。这时候，他的一个随从——一个日本小伙自告奋勇做翻译，我就开始啰里吧嗦地讲我的情怀。我用英文结结巴巴地讲了三十分钟，我不知道英文翻译日文怎么那么简练，那个日本小伙子就“Hi、Hi、Hi”地翻译完了，CEO看着我，眼珠子转了转，说“你的出去！”，就把我轰走了。

IDG大哥觉得非常丢人，一怒之下把我“绑架”了，在大觉寺租了一个房间，大年初一就把我关在里面，整整关了一周。要求我每天先写再背，用500字、300字、100字描述我的公司是干什么的。什么家国情怀、我融了钱要怎么样、未来如何改变世界，统统不要写，就写解决了什么问题。

因此，大家不妨一起做做这个练习，因为我们在生活中不可避免地会有很多这样的时刻，需要我们在很短的时间内讲清楚自己的诉求，让别人听懂我们的目的。在这种情况下，言简意赅非常关键。

第 五 章

平日积累：台上一分钟，台下十年功

肚里有货，才能随机应变

功夫在诗外。很多时候，关键在于多积累，肚里有货才能随机应变，演讲光依赖背稿是很难成功的。

我曾经遇到过两个特别大的挑战：一个是当年去录湖南卫视的《天天向上》，他们五个主持人对我一个人；另一个是和郭德纲对谈。当时的情况就是完全不能依赖背稿，因为不可能预先准备好所有情况。解决这些问题的方法就是一定要多积累，比如多看书、多看脱口秀视频、多看笑话。

我的笑话库特别丰富，年轻的时候我看过好几本全球笑话集，看过的笑话至少有几千个。就是要多看笑话，你才能变成有趣的人。很多人看笑话集有个问题，看完后只是哈哈一笑，没记住笑话的内容。笑话一定要记住，不仅要记住，还要拿来改编，学以致用，如果能养成这样的习惯，就能变成一个拥有有趣的灵魂的人。

我看笑话，第一都能记住，第二会“触景生情”，遇到合适的场景，能把笑话拿出来重新编排。不用等到演讲时才用笑话来“损人”，在日常生活中就可以随时编笑话。如果能做到这样，你就会成为一个受欢迎的人，当然也有人可能会觉得你很“毒舌”。

关于读书，盛大文学前CEO侯小强曾发表过一篇文章，里面的观点我很赞同：要跨界读书，读书要练习复述，要结合日常场景使用。董宇辉读了很多书，要不然很多对谈中的对话是接不住的。现在俞敏洪的读书量比我的大，他天天读书，我明显感觉到，原来我说得过他，最近我读书少了，看短视频多了，已经说不过他了。

读书能够提升演讲能力，但没读书就容易掉书袋，比如浅浅地提一下《时间简史》《人类简史》，或者假装讨论下黑格尔、维特根斯坦，这叫装。如果有人问起维特根斯坦的作品到底是属于语言学、符号学，还是哲学，或者问黑格尔的“存在即合理”是什么意思，就回答不上来了，就傻了。我什么书都看，还经常看一些被认为是“庸俗”的书，像一些地摊读物。虽然很多人对这些书很鄙夷，但我还是要看，看得多才能有足够多的积累。

幽默感是可以练习的，这是一个可以通过多看、多引用来积累的技巧。我看脱口秀会看很多遍，看郭德纲的段子也会记下来。这些东西不要生硬地记下来、背下来，而是要活学活用。

举一个例子，有时候和别人争论问题时，为了证明我的方法更有把握，我会讲个笑话。我说我是程序员出身，程序员有什么特点？秃头、执拗，除此之外，还有一个优点：对于没有把握的事情是不做的。我给对方讲了个笑话，他们听完哈哈大笑，记住了这个优点。我和他们说，有一次我和朋友们在酒吧打赌，赌自己能不能喝下10瓶啤酒，赌赢了朋友们就给我100元。很多人说我喝不了，我没说什么就直接出门了，半个小时后我回来，说可以喝了，然后一口气把10瓶啤酒喝了，赢得了100元。所有人都很诧异，问我："既然你这么能喝，为什么要出去躲半个小时呢？"我说我是出去先试喝了一遍，这样就有把握了。

其实这个笑话我是抄来的，不是自己编的，但大家听了还是会觉得很好笑，还记住了我们程序员只做有把握的事这一点。

再来说一个最近遇到的真事。有一帮"江湖"大佬每年都会聚在日本吃饭。去年10月份我在美国时，有大佬就给我发信息说圣诞节要不要去他家吃饭。我这个人属于"说走就走"的旅行风格，日程都是提前一个小时才能确定。让我预计能否去日本吃饭比登天还难，所以我就回复说不确定日程安排。结果去年圣诞节我真的到了日本，想起这回事，于是在圣诞节前两天发信息问："大哥还请我吃饭吗？"他回答说："10月份就安排满了，你没有跟我们确认，所以今年你就不能来了，对不起啊！"

我有点失落，因为很多行业大佬都在那儿，我也需要经常去和他们见见面，给自己充充电。结果圣诞节前一天，突然有个人因为滑雪摔伤了，有个空位，大佬就问我要不要去。我立刻回复："马上来。"到了聚会的地方后，大家开始嘲笑我，说我不和他们预约。为了摆脱尴尬，我说你们这种生活方式让我想起一个故事，你们用的是苏联式的生活方式。他们就很奇怪，问是什么意思。我就讲了一个故事：有一天，有个苏联人要买冰箱，去了商店，对方告知现在没有货，要十年后才能交货。这个苏联人很认真地问：十年后是上午送货，还是下午送货？卖冰箱的人就很奇怪：十年以后的事儿，上午送还是下午送，很重要吗？这个人说很重要，因为那天修水管的工人上午要来。他们听了我的段子后哈哈大笑，我也就很自然地化解了尴尬。

这些笑话也好、故事也好、段子也罢，都是我在别处看到后记下来，再把它们变成自己肚子里的东西的。这样一来，无论遇到什么意料之外的情况，我都能随机应变。

没有天才，只有刻意练习

推荐两本书：一本是《异类》，另一本是《刻意练习》。

《异类》说的是一万小时定律。简单来说，就是无论干什么，只要经过一万个小时的训练，就可以成为专业选手。《刻意练习》提出了另一个观点，书里说，像菲尔普斯和泰格·伍兹这样的顶尖运动员，虽然常被认为是天才，实际上他们一个天天练游泳，一个天天练高尔夫，都是通过日复一日的刻苦训练才达到这样的高度的。这两本书对我的影响很深，不光是演讲，在其他方面也都很有意义。

这个世界上没有天才，天才只是成为顶级高手的助推，最重要的是刻意练习，投入足够多的时间。

俞敏洪、罗永浩、马云都属于演讲高手，他们有个共性，就是口才都是练出来的。我们也一样，要把生活中所有的日常都看成演讲的机会，不要以为只有站在台上才是演讲。其实直播是演讲，跟领导汇报工作是演讲，给到公司参观的领导做讲解是演讲，给员工开会是演讲，在家里和孩子沟通是演讲，教孩子功课是演讲，见投资人也是演讲。甚至和朋友的日常对话，也可以变成锻炼自己讲段子的机会。如果你能在朋友圈子里变成一个段子手，那就证明你的幽默感得到了很大提升。

在演讲时让别人觉得自己气场强大，不是因为装得强大，而是练习次数多了，惟手熟尔。

除此之外，还要复盘。说句实话，我在复盘方面很厉害，每次有领导或同行来参访我们公司，他们离开后，我们都要复盘。我们会讨论刚刚哪句话讲得不对，哪篇稿子可以写得更精练一些，PPT的演示次序是否还能再调整下。通过这样一次又一次的复盘，我们会不断改进演讲内容和方式，每次演讲都是一个新的版本，而这些工作都是别人看不见的。

不要轻信那些声称靠天赋、靠灵感就能成功的故事。真正的成功就是看书、积累，还有训练。只不过这种训练不一定非得是报一个训练班，而是把日常生活中的每一个场景都看作练习的机会。

吸星大法，学会倾听、善于倾听

要快速学会演讲这件事儿，就要随时随地向他人学习。很多会议讲话、短视频、直播的内容都是很好的学习素材。不要光看图个乐，而要深入理解别人的内容和表达方式。比如，想想为什么董宇辉讲话非常有说服力？能不能把董宇辉的一些金句改成适合自己表达的语言？

我经常参加各种会议，很多人觉得开会是浪费时间，我就会换一个视角，把开会当成是学习。有时候，我不得不坐在那里听人发言，当我真的坐在那儿，我就会认真听，而不是分心玩手机。虽然有些人的讲座整体上的质量可能不是特别高，但总会有一些金句和想法是很有价值的，是可以被我们“剽窃”过来的。

乔布斯曾经说，他是最善于“剽窃”思想的人。我在公司内部也讲过，剽窃产品不应该，剽窃技术不应该，但思想是无价的，如果能把别人的好观点、好思想拿过来为我所用，那就是真正的武林高手。有个词叫“吸星大法”，意思就是把别人好的东西都吸收过来。王小川讲点什么，极客公园讲点什么，李彦宏讲点什么，我都会拿来仔细听听，也会让市场部研究研究，能不能把他们讲得精彩的部分学习过来，融入自己的内容。

再举乔布斯的例子，乔布斯给人的印象是很骄傲的，很多人认为他刚愎自用、创造需求、教育用户。实际上，大家都对他有误解，其实乔布斯非常善于把别人的想法拿来为自己所用。他开发iPod时，第一次团队给他展示的模型是白色的，他觉得白色太难看了，手摸上去很容易脏。他就把团队骂了一顿，说黑色更高级高雅。他还反问团队：你见过美国总统的专车有白色的吗？你见过全世界总统和领袖的专车有白色的吗？都是黑色的吧。反正他有一堆歪理。团队回去之后痛定思痛，心想，既然老板不喜欢白色，那就做黑色的吧。第二天，团队刚准备拿出黑色的iPod模型时，乔布斯突然说："白色太好了。"这是事实，不是我编的段子。乔布斯回家后一定做了很多反思，虽然他可能没有承认员工的想法是对的——这是他的性格问题，实际上，他还是做到从善如流了。

很多人不善于倾听，其实就是不善于学习。如果大家想改进演讲技能，无论是在演讲时，还是在参加小组讨论时，除了关注自己要说什么，更重要的是认真倾听别人的现场发言。我那次参加风马牛年终秀，唯一不满意的地方就是，如果是我来主持，一定会大量引用前面王石、冯仑他们讲的内容，这样我就能适时地穿插回应。

学习无处不在，要善于倾听其他人说的话，比如有人在饭桌上说了一个很精妙的段子，那能不能改编一下变成自己的段子？混沌学园的创始人李善友老师有个自我介绍，让人印象很深，他说："我叫李善友，善良的好朋友。"那我们能不能以他的这个内容为例，学以致用，变成自己的内容呢？

重剑无锋，大智若愚

重剑无锋，大智若愚。讲话可以有技巧，也可以毫无技巧，核心是真诚，只有真诚能打败一切不喜欢你的力量。当然，让所有人都喜欢你是不现实的，只要有一部分人喜欢你就挺好的。因此，“不装不端有点二”，做自己。

我这个人在有些方面智力很高超，但在有些方面表现得有点二，还不是故意的。我一直认为这是上帝在造我时注意了平衡，要是让我各方面都比较出色，那大家就没有活路了。

我想突出几点：自嘲、自黑、讲段子、多阅读、倾听、刻意练习，功夫在诗外。花一两年时间去练习它们，虽然不一定能达到可以PK顶尖高手的程度，至少PK同行的能力肯定会有提升。

我讲了很多术和方法，但最想和大家说的是：要说真话、讲实话，有些话可以不说，但一定要真诚。

下篇

个人 IP

第 一 章

底层逻辑：
企业家为什么要做个人IP

头脑被短视频格式化的时代，企业传播方式变了

我们先来聊聊为什么要做个人IP。这话我讲过很多遍，短视频不是新鲜事物，它早就有了，但今天的短视频和YouTube时代的短视频最大的不同是什么？今天的短视频能够格式化人们的大脑。

现在我们是不是不爱看书了？大家有没有觉得，读书这事儿，其实挺反人性的，太累，要动脑子、要思考、要记忆，是大脑的一个训练过程。就像GPT大模型训练为什么很耗费算力，其实是一样的道理。每个字都要思考，每个字都要分析，还得跟前后的字联系起来去想是什么意思——人看书就是一个自我训练的

过程。很多人误以为读书就是把知识往脑子里装。其实，每次读书都是对我们的大脑进行的一次深度重塑。而看短视频就不一样了，看短视频多快乐、多轻松，大脑可以完全放空，什么都不用想。

今天这个时代，短视频已经不是众多多媒体中的一个，它就是多媒体，它主宰了人们接收信息的方式，把我们的头脑格式化了。头脑一旦被改变、被格式化，就再也回不去了，很难接受其他信息。现在每天刷短视频的人数，全国得有6亿到8亿，这个数字很可能还被低估了。

用户改变了，企业的传播方式能不变吗？我们还能用旧的传播方式吗？

咱们得面对现实，现在市场部、公关部这些老派的工作方式，已经跟不上用户对信息的理解和接收方式的变化了。传播渠道变了，对内容的要求也变了，还能用那些老套路来传播信息吗？显然是不行的。因此，有产品就需要做品牌，有产品就需要获客，做品牌就需要做公关，就是要做公开表达。

我们从公关这个角度来看公开表达。我们做公关的目的是什么？就是要有话语权，要有影响力，要跟用户对话。

我记得小米的创始人之一黎万强讲过一句话："要跟用户做朋友。"这句话放到今天，不是过时了，而是越来越适用了。在小米刚起步的时期，大家都在论坛、社群、微信群里交流，那时候用户跟用户之间的沟通方式，还是非常间接的，毕竟文字表达起来不够直接。今天，所有人都在用视频面对面交流，这就需要我们重新思考：在这个交流直接的视频时代，我们要如何重新拿到话语权？

我一直觉得，互联网是讲"眼球经济"的。这个词互联网老人可能还记得，是二十多年前张朝阳刚回国的时候提出来的。那时候，张朝阳创办了搜狐。虽然起步没新浪早，但搜狐火起来了。靠什么？是不是就靠张朝阳的个人表现？大家还记得张朝阳那会儿是怎么做个人IP的吗？说起来，他才是中国第一代网红。这个网红身份帮他得到了什么？注意力和话语权，并且最后都转化成了搜狐的流量。

再举一个例子。对一个企业来说，危机公关很重要。如果有一天，某家公司、某个人表现不好，很可能会遭遇网暴，遇到这种情况，传统的公关部可能会无计可施。开个发布会，找一些传统媒体的记者写几篇文章，有什么意义呢？所有做公关的人都应该意识到，传统的公关手段不是说没用了，该废弃了，而是一定要做出新的改变，跟上时代的步伐。

再比如，小米汽车发布会的那天，小米获得了巨大的声量，但很少有人知道，就在同一天也有其他几家公司在召开发布会，甚至有一家公司也在召开新车的发布会。这就很直接地说明了，在这样一个短视频和直播已经成为主宰的传播方式的时代，如果我们的公关方式再不变化，我们跟自己的用户之间的关系就是割裂的。**我们连自己的用户在哪里都不知道，更别**

说把自己想传达的声音传递给用户了。

如果还沿用过去的传播方式，发一堆新闻稿，最后唯一的价值就是把这些稿子的链接一一列出来，给老板看，说："老板你看，咱们发布会多成功，新浪、搜狐、网易都报道了。"老板一看："哟，100个链接，挺热闹。"但他仔细一琢磨，可能会发现，真正看这些报道的，除了自家的公关部，就没别人了。

这，是不是挺讽刺的一个现实？

用户在哪里，企业家就应该去哪里

一个企业里，公关部和市场部有什么区别？

我自己的理解，公关部为企业发声，是为了获得话语权，打造影响力。那市场部呢？做marketing（营销）、做广告是为了什么？为了获客。其实，获客是一个很正当的概念，企业要卖产品，就需要获客，获客就意味着有销量。曾几何时，“流量”这个词被污名化了，现在一说“蹭流量”“搞流量”，就好像有点不光彩。**其实，在今天这个时代，流量就代表着用户在哪儿，而用户在哪儿，企业家就应该去哪儿。所以，流量就意味着获客。**

过去做市场是如何获客的？在搜索引擎和网站上投广告，或者做贴片广告。但现在情况大不相同，客人们把时间都花在了短视频平台上，每天只看短视频。这时候，你要怎么做？

过去我一直不做抖音，是因为有一个错误的认知。作为一个老互联网人，我总觉得互联网要获客，一定要先有自己的产品。比如，你做一个网站，我就做一个比你更牛的网站，用户要么是你的，要么是我的。再比如，你开发一款软件，我也开发一款软件，最后谁的软件能让用户天天使用，谁就能赢得用户。再往后，到了手机阶段，大家都去做App了。很长一段时间，我看到抖音这么火，就想我什么时候能做出下一个抖音。但这个想法，老实说，是痴心妄想，不切实际。

这当中俞敏洪对我的帮助和启发非常大。要是按我的那套思路，俞敏洪选择转型，新东方想做电商，得先自己做个电商网站、开发一个电商App，再买流量、拉用户。但新东方没有这么做，它直接在抖音上开了一个账号，不管是董老师的号，还是俞老师的号，就这么做起来了。我突然发现我的想法狭隘了。**我们不要把抖音看成对手，要真正意识到并承认它是一个平台。即使今天我们没有一个具体的产品、没有一个App，只要我们能在抖音上提供好内容，依然可以在这个平台上拥有自己的用户，而且这些用户跟抖音的用户池是相通的。**

因此，在这个时代想问题要换个角度，不能总想着自己从头到尾搞大工程。很多互联网大咖在抖音上用心经营内容获得用户，这和开发App获得用户有什么不一样呢？有人说，在抖音上做IP，可能一夜之间账号就被平台封了。这个风险确实存在。但做账号和做平台的难易程度还是有很大区别的。

想明白这些问题后，我就决定试一试，通过在别人的平台上做自己的账号，看能不能获得1000万、2000万的用户。如果我能够吸引这么多的粉丝，那或许就能以此推广我的产品了。

原先我获客的思路是先做一个产品，给这个产品攒用户量，再慢慢把它做大。坦率地说，现在这条路一定是越来越难走，挑战越来越多，而短视频就给我们提供了另外一种获客、获得流量的机会。就像对从事知识付费的创业者来说，并不是必须开发一个 App 才能实现商业模式的闭环。在抖音上，同样能够吸引、转化用户，把影响力转化为利益。

过去，我投资过一些短视频平台和直播平台，当时我们把抖音视为竞争对手。在某种程度上，这种思维限制了我们头几年的发展。许多传统企业家可能都有过类似的思维定式，总放不下身段，不愿意在抖音上开设账号，觉得产品必须按照老路走下去。但是，有一些人并没有受到这种思维的约束，就先获得了短视频带来的红利。

所以我的一个观点是，不要把短视频平台看成鲨鱼，如果把它看作鲨鱼，这条鲨鱼要么是虎鲨，要么

是鲸鲨，确实太大了，我们一点机会都没有。如果把它看成是一片海洋，那我们就有机会成为一条在海洋里快乐遨游的大鱼，而这个机会是切实存在的。

企业家IP的本质，是和用户沟通，和用户交朋友

企业家自己开账号做个人IP，本质上是把公关部和市场部这两个部门结合在一起。未来，这两个部门之间的界限会越来越模糊。

在传统媒体时代，公关部和市场部界限分明，公关部主要是写文章、做策划，市场部主要是做活动、打广告。**但在短视频这一新媒体平台上，公关部和市场部的工作由两件事变成一件事，本质上都是和用户沟通，和用户交朋友。**

我来讲一个故事。有一次，我和刘德华一起直播，我问他在这个网红时代，他作为天王巨星愿不愿意做

网红。很多人听到这个问题觉得我在开玩笑。我说：刘德华有7300多万粉丝，董宇辉有2700多万粉丝，为什么刘德华不能和董宇辉一样，成为网红呢？有人会说：大明星还用得着做这种事吗？如果你看了我的分析，你会发现，你的想法可能并不对。

董宇辉的2700多万粉丝，每个都觉得自己是董宇辉的朋友，每个大娘都觉得董宇辉就像自己的女婿，她们每天都和董宇辉互动。隔着一个小小的手机屏幕，虽然董宇辉是在给2700多万粉丝直播，但每个用户都感觉他是在和自己一对一交流。董宇辉说话风趣，有文采，有知识，说话时娓娓道来，哪个丈母娘不喜欢？哪个粉丝不爱呢？连我都很喜欢他。

虽然刘德华有7300多万粉丝，但是坦白来说，他和粉丝之间的关系更像是一种高高在上、很有距离感的关系。在如今的环境下，如果和用户没有沟通，和用户不是朋友，那就只是一种用户对个人单方面的崇拜和仰慕，不属于能够双向交流的真用户。因此，在短视频时代，即便是过去那些在微博、抖音上有很多粉丝的大明星，如果他们不能经常与粉丝互动，只是依靠自己的知名度和粉丝的崇拜，那么这些粉丝的含金量其实是要大打折扣的。

过去，企业请明星拍广告，放到电视上一播，商业效果就很好。在今天，这种效果是否还能带来哪怕10%的收益，都要打一个问号。一个明星被请来宣传产品，他真的用这个产品吗？他真的能每天帮企业去和用户交朋友、沟通吗？

现在的企业家自己做IP，本质上是给自己的产品拉票。举个例子，小米有代言人吗？小米最好的代言人是谁？雷军。有用户质疑小米汽车的后排空间太窄，雷军亲自出镜拍视频，一米八的个子坐进去，说这车的空间还挺宽敞的。这就是最好的回应。

这就是未来的营销方式。比起派一个营销总监或代言人，按照一个套路去介绍产品，你认为，就影响力和感染力而言，哪一个更大？

企业和用户沟通的三个阶段

关于和用户沟通，总结“360”过往的经验，看起来很简单，但我们也走了很多弯路。我们和用户建立沟通分了三个阶段。

第一阶段，传统的公关、市场思路。

360号称打过无数场仗，很重视公关。重视公关的一个方法是，我自己赤膊上阵，亲自指挥，这样才能快速调动资源，做出反应。尽管我们采取了这种积极的策略，当时的公关和市场工作仍然是以传统模式进行的，我们常规地做采访、开发布会，攒了很多资料，最后把这些资料分类发布，文字类的内容发到公众号上，视频版的内容就发到抖音、B站、小红书上。那时候，我们只是把这些平台当成是发布多媒体新闻的一个渠道。现在回想起来，这种认知是绝对错误的，当然现在仍有很多公司在这么做。

第二阶段，内容意识觉醒。

在第二阶段，我们意识到要做内容，于是聘请了一位新的公关部负责人。我对他说："你的部门要转型成内容部门，不要光做媒介关系，只是找人来发布稿件，而应该自己策划内容，成为内容中心。"于是，我们就开始尝试自己做短视频，但我们又犯了第二个错误：没有明确服务对象。

公关部和市场部做的内容到底是为谁服务的？当时我觉得，这一定是为公司的产品和理念服务的，所有的宣传都应该围绕着公司的产品来做。比如，天天宣传360能让网络更安全，天天宣传我们公司的大模型，天天宣传智能硬件产品。我们制作的内容，全部是以自拍为主的企业宣传片。这些内容放在视频网站上有人看吗？有，比原来内容的流量大了一点，但架不住观众很快就对此感到厌倦。就像红烧肉，即使再好吃，我每天都烧一碗红烧肉出来，吃三顿也就吃腻了。这就是一些企业停留在第二阶段的原因。

第三阶段，真正的内容中心。

到了第三阶段，我意识到用户在哪儿，企业家就应该去哪里，要去找用户。有人说：我们是靠传统产品吸引用户，让用户自己来。这条路，需要产品力非常强，而且市场竞争太激烈了，不好走。我看到了另一条路，像东方甄选，本身没有实体产品，却获得了一个海量的用户群，先有流量、先获客之后，再来匹配产品。这条路是一条新路，是我一直要做企业家IP的原因。

一直以来，我们都是草台班子的编制，但我们最大的突破就是用这个草台班子跳出了360既有的产品描述方式，只要是能帮我们增加用户好感度、能增加流量的事情，我们都愿意去尝试，于是有了真正的内容中心，这就是我们和用户建立沟通的第三阶段。

我们才刚刚进入第三阶段，大概不到半年的时间，粉丝就有了很明显的增长。做账号的前几年，我的粉丝基本上不太增长，全部是依靠原来的知名度和一些用户转化，粉丝数量在两三百万徘徊了很长时间，直到意识到内容创作的重要性。前两年，我的短视频发布频率非常低，大概一个月才发一次，有时候甚至半年都不发一条。等我们进入第三阶段，情况发生了变化，我一天会发好几条短视频，我的创作欲望特别旺盛，能随时随地产出新的短视频内容。

这就是我们公司和用户沟通走过的三个阶段，看似简单，但确实走了一些弯路。

做企业家IP是一把手工程，也是企业家的必修课

做企业家IP是一把手工程，是企业家的必修课。一定要企业家本人来做，绝不能让下属来做。

为什么不能由职业经理人、高管或者员工来做，甚至不能请个代言人来做呢？有两个原因。

第一个原因，企业家才能代表企业。虽然企业家打造的是个人IP，但他的个人IP是能代表企业的。企业家是企业的爹或者妈，是他亲手打造了这个企业。职业经理人是什么？是保姆，是顾问，不能代表企业。至于员工，除非我们能给员工很多股份，把他变成合伙人，否则期望员工拿着员工的工资操着老板的心，

这对员工的要求太高了。而高管的本质和员工是一样的，高管也是员工。如果是他们来做企业家IP，可能会有三种结果——

第一种，做不好，浪费时间，浪费钱。

第二种，做不好，还不小心做错了，导致企业形象受损。在这种情况下，高管可以选择辞职走人，但留下的一堆问题是需要企业来解决的。因为外界往往会认为这不是高管个人的行为，一定有老板授意。

第三种，做好了，但员工可能会离开，选择独立发展。市场上无数的案例也印证了这一点，如果我们真的要让员工来做企业家IP，那么员工的个人特质和贡献就不能显得那么重要，这样即便走了也无所谓。否则，你培养了一个很有网感的员工，还把账号做起来了，员工会怎么想？不想当老板的员工都不是好员工，他肯定觉得这么多公司、品牌要签我，我为什么要帮你做直播带货，而不自己做呢？因此，企业家IP一定要企业家本人来做。

第二个原因，能节省大量的广告和宣传费用。思考一个问题：建立企业家个人IP和企业整体的IP，哪个更容易？一定是企业家个人IP。有一些很牛的企业，品牌形象已经深入人心了。比如，提起苹果，我们首先想到的不是水果，而是苹果公司。但对绝大多数企业来说，连企业名字都还不被大众所熟知，企业形象看起来也只是一个冷冰冰的符号。比如，提起哪吒，大家首先想到的不是汽车，而是神话中的那个小娃娃。

建立企业的认知和形象是非常难的，要投无数的广告，花无数的钱。但如果通过企业家个人形象地真实展现，把第一步的企业形象变成企业创始人的形象，这是比较容易被公众接受的。因为企业家是一个活生生的人，他拥有喜怒哀乐、七情六欲、优点缺点。在互联网上，一定有人喜欢你，也一定有人不喜欢你，你可以想办法把喜欢你的人吸引过来，也可以让不喜欢你的人变得喜欢你，或者是能接受你。这与创建一个冷冰冰的、很难与大家产生共鸣的符号式的企业IP

相比，难度是完全不一样的。

一个虚拟的LOGO（标识）、一个虚拟的名字，是很难让大家建立认知的，而让用户对企业建立感性认知是创始人的责任。**我有一个观点：企业想让用户喜欢，需要软硬结合。**软指的是什么？软指的是企业家个人去创造的没有距离的交流感，一种和用户成为朋友的亲切感，这是最容易实现的。比如，很多人是先喜欢一个主播，再选择购买其所在直播间的产品。有了软性的东西还不够，还要有硬的。硬指的是什么？硬指的是你的产品和服务，这个可以迟到，但不能没有。

在企业进入一个新领域的时候，企业家一定要意识到一点，要勇敢地站出来“蹚浑水”。每个企业家都应该有信心，当自己真正放下身段，亲自来做个人IP时，会发现自己是企业里最有话题性的人，是最有可能做成功的。如果企业家自己都做不来，却指望员工做好，这就好比创始人对产品一窍不通，却期望雇几个人就能把产品规划出来，这种情况几乎是不可能的。像科技公司的创始人，通常都是技术出身，或是产品出身，很少听说管理出身的人来做创始人、一号位。因为在企业创建初期，需要创始人身体力行地把产品和技术探索出来。

我再来讲个俞敏洪的例子。我记得非常清楚，有一次和他一起做直播，我才意识到，原来他在我不关注直播的时候就已经做直播好多年了。因为他爱看书，所以就在直播的时候推荐书，推荐什么书，什么书的流量就涨上去，带动书的销售额增加，出版社就给他钱。

如果俞敏洪没有亲身经历，如果他对直播带货的理解跟我一样，他在新东方转型的时候，会意识到直播带货这个方向吗？肯定不会。在他六十岁大寿的生日宴上，他请我们几个老朋友喝酒，他说主业没了，但他决定不躺平，要做直播带货。我们所有人都不理解。事实上，他对直播带货并不陌生，毕竟已经做了好几年。人往往会有路径依赖，倾向于选择熟悉的路。

再来说董宇辉，尽管今天董宇辉获得的流量已经让他成为这个行业的头部，但他在刚开始做主播的时候，流量并不高。之前的董宇辉是个素人，没有粉丝基础，那东方甄选初期的流量是谁给的呢？肯定还是俞敏洪老师给的。因此，企业不是不可以搞矩阵，不是不可以搞多账号，关键在于，只有老板的账号做起来了，才能镇住底下的小账号。否则，如果一个小账号突然做起来了，很可能会带跑原来的用户和资源。

一位我很尊重的行业领袖也很想做直播，其实如果他做直播会有很多的话题性，但他选择让数字人出来做直播，可能是被人忽悠了。**我们做企业家IP，目的是获得客户来源、获得销量，建立公关上的话语权和影响力，这是企业家的责任，否则用户就会与我们慢慢疏远。**用户来关注你，看你直播，就是因为他想和真人而不是虚拟形象交流。

站在用户的角度想，企业家做短视频、做直播，用户图的是什么？在日常生活中，他们已经很累了，在网上不就是希望能和企业家、和真人面对面平视地交流吗？如果用一个数字人直播，用户怎么和它交流？再说，抖音上这么多视频，大家手指一滑就把直播滑走了。因此，用数字人直播是不对的，不如不做。

总结一下，我要说的核心就是一点：企业家IP一定要本人来做，谁都不能替代。

打造企业家个人IP，就是打造企业IP

有人问我："老周，你为什么要先打造个人IP，而不是企业IP？"

我回复说：现在的企业有三个IP，第一个是创始人IP，第二个是公司产品和服务的IP，第三个是公司IP。这三个IP中，公司IP是什么？它指的是公司文化、员工关系、企业产品、企业名声，以及公司使命，比如"让天下没有难做的生意"。这句话是马云说的，但是注意了，这是马云在建立个人IP之后，在他有影响力之后，再把阿里的使命传播出去的。如果今天，一个nobody站出来说："我们的理念是让天下没有难做的生意。”会有人听见他的声音吗？会有人记住他的话吗？

所以，我们不要笼统地把所有类型的IP混为一谈，而应该按照从容易到困难的步骤打造IP。在这些IP类型中，创始人IP是企业IP最重要的一部分，因为每个企业都有其创始人的烙印，创始人是企业的映射。还有一点，我在前面提到过，企业给人的感觉可能是有距离的，但个人IP可以把它变得生动而鲜活。

360公司有很多To B（对企业）的业务，很多人认为只有To C（对消费者）的业务才需要做个人IP，但这种观点是错误的。我分享几个实例：自从我在网上讲AI后去参加“两会”，我发现自己在“两会”上的知名度大幅提升，现场听过我讲解AI的人比过去多了十倍。再比如，我去企业竞标，过去我跟别的企业一样，是乙方去竞标。今天，甲方老板会握着我的手说：“老周，我是你的粉丝！”这样，客户关系是不是就有点不一样了？你跟客户交朋友，他对你的认可度也会不一样。

所以，对To B和To G（对政府）的企业来说，如果比自己的竞争对手拥有更多的影响力和话语权，可能会帮你带来更多的订单。以我自己为例，我原来讲网络安全领域的知识，因为内容太专业，宣传方法又太传统，有时候很难达到有效的传播效果。比如，我之前在B站做过直播，在小红书做过对话访谈，在抖音做过专访节目，分享安全理念，那时我的粉丝太少，大约只有100万，导致很多信息传递不出去。今天，当我的粉丝数量达到600万、800万，甚至有一天达到1000万时，我再来讲360网络安全的故事，传播力就会非常不同。而这一点，对公司的To B战略一定是有帮助的。

所以，从本质上来说，企业家打造个人IP，就是打造企业IP。

企业家做个人IP，最终是为企业代言，为产品服务

很多人都有一个误区，认为企业家做个人IP的目的是直播带货。

对那些处于企业创建初期或没有自己企业的人来说，通过做IP直播带货是合理的。因为在这个阶段，实现流量变现的方式非常有限，主要是知识付费和直播带货两种途径。直播带货作为一种变现手段，没什么不妥。而且，今天的网络平台提供了通过直播带货变现的这种循环模式，如果没有流量，这个商业模式就会归零。所以，在不同处境下，大家对流量的渴望是非常不一样的。

这也导致了很多人用素人做流量的方式看待我，他们天天研究我，说老周有了这么多流量，他准备直播带什么货？在他们看来，如果我的流量明天不变现，我就要完蛋了。

这就是素人做个人 IP 和企业家做个人 IP 大不相同的地方。一个素人自媒体大号，流量不变现，可能马上就会做不下去。企业家则不同，企业家有自己的公司，有自己的商业模式，即使流量没有马上变现，企业也能活下去。这是企业家的优势。

对有自己主业、产品的企业家来说，我认为直播带货是不合适的，因为这叫不务正业。比如，我明明在做 AI 领域，却要直播去卖面膜；我明明在做网络安全，却要直播去卖农产品。这样，大家会认可我吗？

宇宙的尽头不止直播带货，如果非要直播带货，**我的观点是：企业家一定是为自己企业的产品代言，一定是为自己企业的理念代言，一定是为自己企业的服务代言。**

我号召企业家自己做IP，网上有文章就说："坏了，我们这些小角色的流量要被老周搅黄了，老周要拉一堆大企业家进来。"这种担心完全没必要，如果跟其他素人一样竞争流量，那就不叫企业家了，说明这个人的主业已经没有了，失去核心业务了。

大企业家下场做直播带货不是来竞争流量的，而是来服务产品的。我为什么要做流量？最早是想拉哪吒汽车一把，我看到他们的产品做得可以，但从上到下都不会营销，甚至在营销上可以打负分。尽管哪吒汽车现在仍然有骂声，但总算有点知名度了，也已经超过很多竞争对手了。

还有一个原因是我要All in AI（全面布局人工智能），一直在筹备我的AI产品，但我不能等到产品都准备好了，再来寻找用户，这两件事情是可以同步进行的。

我再次强调，直播带货是一种非常正当的生意。而且我一直认为，如果抖音把直播带货做好了，对传统电商会是一种降维打击。但对于有自己产品的企业家来说，不应该去推广那些不属于自己的产品。

有时候我也在思考：如果我天天只宣传360搜索，用户听多了是不是也会腻？因此，我尝试着和其他合作伙伴一起，通过直播、短视频介绍各种AI工具和产品。这对合作伙伴来说是一个宣传机会，对我来说和主营业务关联紧密，大家都能理解接受，或许这种形式也可以看成是广义上的“带货”。

如果是素人直播，我有两个建议。第一，就像文章开头我提到的，当素人直播有了足够的流量，基本上都是通过知识付费和直播带货两种方式建立起自己的商业循环，做到一定阶段时，就会遇到流量增长的“瓶颈”，这时候就要站得更高，要能跨出去。

当你的个人账号发展到一定规模后，如果仍然继续做直播带货或是知识付费，有的就会被人诟病。这个问题不是靠在这个商业循环内能解决的，这就是我的第二个建议：如果你拥有实力，其实可以去打造一个属于自己的产品。有了自己的产品，你就能建立起新的商业模式的循环。

再说回企业家，企业家的商业流量账的计算方式和素人的确实有点不一样，因为大家拥有的资源不一样。如果一个拥有核心商业模式的企业家，因为今天投入了990万的流量成本，就急于在明天变现回来，那这是小生意的算计。真正的企业家做流量，是希望通过这种机缘，实现商业模式的升级，找到新的业务增长曲线。或者是通过流量获得影响力，得到更多原来得不到的订单。这才是企业家的思考模式。

所以，企业家一定要想清楚，只要能搞到流量，就会拥有比普通人多一万种的方法来转化和利用流量，这是企业家做个人IP的优势。就像很多年前，像谷歌这样的互联网公司敢在关键时刻提供免费的搜索服务，这背后其实是一种长远的战略布局。记得当年我决定将杀毒软件免费提供给大众的时候，也有很多人猜测背后有什么阴谋。其实没有阴谋，只是想先把用户吸引过来，再用其他方式实现变现，仅此而已。

互联网一直遵循着有流量就可以通过多种方式实现变现的原则，而不是简单的电商或内容付费。这一点，对企业家代言企业、服务产品来说，是非常有价值的。

所有企业家都适合做IP吗

曾经我认为企业家做IP，99%都能成功，当然成功的标准一定不是必须做到1000万粉丝。企业规模有大有小，有的企业能做到10万、20万粉丝，有的企业能做到百万粉丝，这些都算成功。**重要的是，企业家在做IP这件事上，不要有顾虑。**

我来问一个问题：做企业和做账号，哪个更难？

答案一定是做企业，做企业是最难的事。虽然做账号也不容易，但是相比之下，今天想要在抖音平台上展现自己，方法有很多。一个企业家如果能把企业做好，那么只要他认真一点，放下身段，做账号没有想象的那么难。我就是一个很好的证明。

仔细想一下：虽然我现在有不少粉丝，但这就能说明我具备做账号的能力和天赋了吗？

显然不能。我的动作呆板僵硬，这完全不符合抖音内容的流行规则，抖音上流行的是夸张的肢体语言。我记得很清楚，2004 年我第一次和雅虎的高管吃饭时，他们说：周鸿祎，你可以 smile（微笑），笑一笑。我说我笑了，他们说没有，但我一直以为自己在笑。从那以后，我才知道原来我不太会笑。

我原以为我是一个说话蛮有激情的人，后来看视频发现，我说话的声调比数字人还平，有时候我自己都看不下去。我唯一的优势是讲笑话的效果特别好，因为我总是没有表情地讲，这反而让别人觉得好笑。所以，像我这样的人都能做成账号，其他人一定也能行，因为比我优秀的企业家太多了。

很多企业家，无论怎样，还是会比普通人经历得稍微丰富一些。如果把自己的这些经历讲出来，内容就会很吸引人。

最近我发现，有相当多的企业家做不了IP，因为做这件事需要放下身段，放下脸皮。

很多企业家在做IP时会遇到一个问题：形象被包装得过于好了，听不得一点负面反馈。其实，是人就有七情六欲，就有各种缺点，有时候在网络面前越真实，和大众的距离就越近。就像我在网上谈论新能源汽车，我不是一个汽车行业的专家，甚至连车都不会开，驾照都没有，我只知道“用屁股去丈量车的舒适度”，分享我对车的直观感受。很意外的是，因为谈车，我吸引了几百万粉丝，那我再把AI相关的内容分享给他们，可能对我自身的业务会有帮助。

真实一点，放下脸皮，对很多企业家来说是一种能吸引人的魅力。该自嘲就自嘲，该自黑就自黑，关键在于心态、敢不敢做。

再说回开头的问题，是不是所有企业家都适合做IP？我的回答是可能并不适合所有人做，但企业家一定要去尝试。如果不去尝试，你就不知道自己的边界在哪里，不知道自己的潜力在哪里。而且有时候尝试一下，坚持一下，就能找到适合自己的方式。每个企业家的成功之路都是独特的，像雷军、余承东、俞敏洪，他们各自的路径都很难模仿，因为我们没有沿着他们的成长路径成长，没有他们的基因。所以，我们要探索最适合自己的路。

我还是鼓励所有企业家自己先尝试做IP，如果最后发现确实不擅长，那再考虑培养别人来做。**前提是，自己要先试试水，先放下身段，放下脸皮。**

第 二 章

心法：做IP的道

要打破面子、身段障碍

企业家做IP不要讲面子，脸皮要厚，要放下身段。面子、身段是企业家做IP最大的障碍。

前段时间，我发了一个短视频，内容是我就哪吒汽车的CEO张勇早期发的短视频提出了一些看法。当然，我提看法的时候，言辞比较犀利。只要一看就知道，我为什么会生气。视频里，张勇像领导一样高高在上地坐着。这是短视频吗？这更像是纪录片。短视频用户不是企业员工，企业老板又不给用户发工资，他们没义务听企业老板训话，反过来是我们要给用户提供情绪价值才行。

我有几个观点。**第一，不要自吹自擂，不要天天吹嘘自己无所不能。**千万不要摆出一副高高在上的姿态，像我从来不敢称自己在“讲课”，只会说是在“分享”。

过去企业采用的一本正经、高高在上的传播方式已经不再被大众接受了。因为过去只有精英阶层才有话语权，现在，普通网民也获得了话语权。人们期望看到的是与企业家平视、平等地交流，甚至希望可以为企业家提供自己的建议。这就要求我们做市场公关的方法和手段随之变化。

以前，企业家生活在墙上，被媒体以一个“高大全”“伟光正”的形象包装着。现在，通过直播和短视频，企业家能直接和用户对话。这些用户可能就是你的潜在客户，他们不是你的员工，也不是来听你训话的，他们想看的是一个活生生的、真实的人。这就对企业家的宣传策略提出了一个特殊要求：用一种亲民、随和的形象和用户交流，而不是高高在上，至少不能像老板一样坐在那里。

第二，不要老是讲大道理。网上有一个词叫“爹味”，年轻人特别反感“爹味”，企业家千万不要去说教、讲大道理，要做到该自嘲就自嘲，该自黑就自黑，这也是我最大的优点。企业家要是装成一个很有经验的成功人士，天天给别人讲成功学，这是很令人反感的。企业家做IP，最终目的是推广自家产品。用户接受产品往往需要一个过程，有时候我们会因为喜欢一个产品而喜欢上企业家，比如喜欢用苹果手机然后喜欢乔布斯，反过来，也会因为喜欢一个企业家而买他的产品。在这里，企业家的个人IP就起到了一个比较软性的作用，如果企业家能在网络上展现出自己真实的风格和面貌的话，那么用户通过企业家的个人IP来理解产品，也会更容易一些。

我特别不喜欢企业家在做个人IP时，给自己立个霸道总裁的人设，拍的视频就是坐在一间大办公室里，像是对全体员工发表讲话一样。我觉得，不是霸总的普通人可以弄个霸总人设，真的霸道总裁最怕的就是霸总人设。你越是霸道总裁，就越要把自己当成一个nobody。

做真实的自己，是最大的流量密码

有人问我：流量密码是什么？我仔细想了想，就是做真实的自己。

真实就是靠直觉，可以表现真性情，坦诚表达。很多市场部或者MCN（多频道网络，网红服务变现机构）公司的老板找过我，说要为我包装一个人设。其实，人设是没办法包装出来的，拍摄一次、两次还可以装一下，但做企业家IP是一件长年累月的事，一个人能装多久？一个人是装不了太久的，到最后连自己都会嫌累。而且有的人装文雅人设、装豪迈人设，过两天发现没流量、没效果，肯定就装不下去了。

我觉得企业家不要打造人设，把自己真实的一面展示出来。对一些企业家来说，展现真实的自己可能是一个挑战，因为他们在员工面前装，在同行面前装，在媒体面前也要装，已经装习惯了。对这些企业家来讲，说“不装”特别容易，实际上做起来很难。只有像我这种听到骂声比较多的人，想装也装不来，就索性不装了。

企业家跟素人不一样，如果我是一个素人，我就必须装。你想想，一个长得像我这样面无表情、颜值又不高的素人，说着平淡无奇的话，会有人来关注吗？素人要在网络上吸引注意，是要有一些冲突性的内容的。这有点像短剧。为什么短剧吸引人？就是因为它有冲突性、有戏剧性。但企业家不能模仿这种风格，如果企业家搞摆拍、玩情绪冲突，甚至做出耸人听闻的举动，这就与其所处的商业环境违和了，就算是员工，可能都不相信这是自己的老板。

再举一个雷军的例子。雷军有个著名的哏叫“Are

you OK"，一开始这个哏遭到很多人嘲笑，但雷军很大方地接受了这一点，还把它做成了表情包，后来又变成了一首洗脑神曲。这就是做真实自己的一个最好的案例，然而确实很少有企业家能做到这一步。

当我们习惯了被人恭维，当我们的员工总是围在身边说好话，当我们觉得自己在企业里做任何决策都是对的，当我们被媒体捧成了伟大的企业家——在经历过这样一个过程后，想要再次做回自己，展现自己的真性情时，很多人已经不知道真实的自己是什么样子了。

做最真实的自己，挺难的，但这就是你问我，我一定会告诉你的流量密码。

不要迷信策划

很多人都说我是策划大师，或者来问我背后的策划大师究竟是谁。

对此，我只想说：**大家千万不要迷信策划。人不是上帝，没办法主宰事情的发生，特别是在今天这样一个自媒体盛行的时代。**

每个账号都有独立发声的权利，我们不可能收买所有账号，不可能控制所有声音。一种声音出来之后，一定会有反对的声音。当一种声音出现后，一定也会有反面的声音。比如，当某个话题或人物的流量涨起来时，有人正面参与讨论获得流量，这可以叫“正向蹭流量”，但也总有人反向操作来显示自己的独特性，这是“反向蹭流量”。我们没办法策划别人。

还有一点，计划赶不上变化。有时候，“舆论的火”烧起来的时候你根本都不知道，也控制不了。当事情的热度发展起来后，靠的就是快速决策和快速反应。

如果老板不是自己做IP，有时候根本没办法接触到外界信息。过去，公关事件的处理流程通常是：先一层层报告给公关部副总裁，公关部副总裁报告给CMO（首席营销官），CMO决定要不要压下来不让老板知道，然后找外面的公关合作伙伴、供应商去商量，商量了半天讨论出一个方案，再找人写公关稿……这时候，网络上的舆论可能已经反复发酵好几次了，火都烧起来了。企业要是没有快速反应能力，没有快速决策能力，就只能被火烧。到这个时候，老板就是最后一个知道坏消息的人。

我在前面就提到，做企业家IP一定是一把手工程，需要亲自参与。为什么？因为这不是单纯靠策划就能解决的问题。**不要迷信策划，但可以做第一推手。**

我来举个例子，就讲我把迈巴赫卖掉的事情。

很多人觉得我卖迈巴赫是一个策划，最开始确实有一点点策划的想法，当时我确实想拉哪吒汽车一把，有这个心理很正常。我从美国回来后，他们提出要送我哪吒汽车的全套产品。当时我想，如果我还开迈巴赫，那不是显得太虚伪了嘛。在我们行业里有句话叫"自己的狗食自己吃"，这是微软留下的一句名言，原话是："Eating your own dog food."很多在互联网做软件的人都把这句话视为"圣经"，它不是说自己做的产品是狗粮，而是说哪怕是做狗罐头的，只要是自己的产品，都要亲自尝一尝。**自己的产品自己用。**

我投资一家新能源汽车公司，自己却不开这款车，就得有一点其他的表现吧，所以我就想把迈巴赫卖掉。但我的司机随便找了个二手车商询价，他们把报价压得很低，我很生气，觉得不能亏这么多钱。我想，我现在还有点影响力，不如在网上把车卖掉，我原本的期望就是卖出一个公允的价格。最开始，我就是这样的一个想法。

然后，我在网络上问大家应该换什么车，我肯定不能直接说哪吒，我想问问大家的意见，大家都认可后就能顺理成章地选择哪吒。接下来发生的几件事出乎我的意料，我唯一能做的就是快速反应。

当时小米的势头很猛，国内的汽车品牌公司对流量的敏感度比我想象的要高，我一说要卖车，就相当于抛出了一条线索。

他们意识到这可能是一个机会，所以很快就有了动作。比如华为、极氪、吉利，他们提出让我开他们品牌的车。当时我快速做出了两个决定，这两个决定很重要。一是我不收取任何广告费，我不需要这种变现模式；二是对所有送来的车都表示欢迎，不管品牌有没有与我合作，只要送车体验，来者不拒。你想，要是我一黑心，说要收几十万元广告费，可能就不会有这么多人送车给我体验了，那我的流量就很难起来。因为大家都在说给老周送车，于是我们楼下的车越来越多，这就天然变成了一个选车的事件。这件事是出乎我的意料的。

哪吒汽车很高兴，让我赶快参加他们的发布会。大众关注到了这件事，最后我选择了哪吒汽车，这件事就这样结束吗？我肯定不能这么自私，大众流量来自车圈的那些同商同行的朋友，大家给我这个面子，我把流量都给了哪吒汽车，那以后我在车圈还能混吗？**要是和别人合作，永远都是自己占便宜，那关系就都是一次性的。**

因此我就和哪吒公司说，我不会优先选择哪吒，一定是在所有国产汽车里选。哪怕哪吒汽车性价比很高，但肯定不能算是国产新能源汽车的第一把交椅。因此，我就没怎么介绍哪吒汽车。我决定给送来的每辆车都拍短视频，或是直播，我要把流量再还给大家。这实际上形成了第一个真正的流量高潮。

我总结经验，获得流量是无心插柳，但要保持一个正确的原则：**流量是靠大家“哄抬”起来的，是靠大家互相蹭来蹭去才涨上去的。一定要树立一个正确的观念，流量是可以交换的，别老觉得流量是你一个人的，严格地说，流量都是张一鸣的。**

像北京车展这件事也确实出乎我的意料，我们直播很失败，过程中卡得要死，那天我恨不得骂人，当然我确实也骂了很多人。最关键的一点是，我去参加车展，并不是去和小米、雷总抢风头的，我是去答谢那些给我抬轿子的车商朋友的。我几乎把所有给我送车的厂家，包括小米，都走了一遍。

之所以会造成这种误会，说白了还是这样做的企业家太少，但是我觉得自己做了一件正常的事，同时也确实影响到了雷总。雷总也意识到流量不能光自己带，也要和人家一起分一分。当天，他见了很多造车的友商，亲切地和大家交流，观看了他们的展台。所以，那天的车展很快就有了第二波热点，而且这些热点是靠大家的共同努力达成的，在我看来算得上意外之喜。

卖车这件事也是，在这个过程中，找我买车的人很多，有的人是真心想买车，有的人就是为了蹭流量。我对所有人都进行了回应，所谓“宠粉”还是挺重要的。后来有人安排我“坐大飞机上天”，这些都不是策划出来的，但从某些方面来说，它们都为国产新能源汽车做了宣传，吸引了不少流量。

因为想要买我的车的人实在太多，于是就有了拍卖。最早我觉得只要能找到一个愿意出价比较高的，我就心满意足了。没想到，想买车的人太多了，大家都意识到这是一个有趣的事件营销，都在拍视频传播，所以流量不是靠我一个人带起来的，我主要是出了一个点子。

在拍卖过程中，我并没有预料到价格会拍卖到这么高。我本来的想法是，如果拍卖价格超出了我的预期，我就把超出部分的钱留下来，因为我还想用这笔钱来买新车。这一看就没有高手策划，多么朴素的想法。后来拍卖价格超出预期，我们讨论了一下说不行，因为现在我有了大量流量，大家会用放大镜和显微镜看我，会用比常人更高的道德标准要求我。因此，我很快做出决定，无论拍卖得到多少钱都捐出去，这样就不会有争议了。否则，可以想象一下，等待我的一定是骂声一片。

这件事情的整个过程，真的不是靠策划，而是靠基本的价值观。作为企业家，不要短期内变现，要多跟粉丝互动，跟友商互动，这样流量才能在互动之中涨起来。我策划得再多，如果友商不配合，二手车商不配合，那流量也是起不来的。很多时候，流量是无心插柳的结果，不是靠策划就可以简单地做到的。

适度的策划是必要的，但现在更重要的是靠快速反应，并且一定要本着真心和真实。如果人们觉得我是虚假策划，作为企业家就再也没有信用度了。对于素人来说，一次失败不可怕，因为可以换个账号、名字从头再来。企业家一旦出了问题、翻了车，基本上就没有翻身的机会了。

企业家做直播，越是策划，越是演戏，就越累。就凭着直觉去做，观众看到的最真实的东西就是最好的东西。

要“不务正业”，但要把握“四个度”

做内容要“不务正业”。

做内容到现在，我踩过最大的坑就是认为自己的内容要有调性，要有聚焦，所以我必须建立一个认知：我是一个网络安全专家，那就要讲与网络安全相关的内容。后来我发现，网络安全这件事，国家很关心，安全专家很关心，我们行业内的人很关心，但普通人不太关心。大家都是出了事才关心，事情一过，关注度很快就会下降。

有一次，冯仑邀请我去风马牛年终秀。在对谈环节，其中一个嘉宾和我有一些言语上的冲突，这件事在网上关注度很高。后来那个小伙子要来听我的演讲课，我就有些顾虑，我担心大家会觉得这是一场策划。但这真的不是策划，也没办法策划。后来，我在演讲的最后给了他一个提问的机会，相当于让他能有个台阶"走下去"，也能让这件事收尾。

这件事让我的流量涨了一阵，粉丝关注也多了，算是意外收获。后来我再说回原来的话题，天天说也没人听了。我问抖音平台的人，这到底是为什么。他们告诉我，抖音平台是反对传统市场、公关的做法的。传统的做法是公司做IP时要聚焦，比如聚焦AI、聚焦大模型。但对个人来说，抖音认为，积累粉丝数量是第一位的，因此要做泛内容。

做泛内容，就意味着你尝试的很多内容可能跟你的工作无关，但它能吸引用户，可以帮助你增加流量。等流量涨起来后，你再时不时地穿插一些和专业领域相关的话题，比如讲讲汽车、讲讲AI，这样效果可能会更好。

后来，我做了很多和自己的兴趣爱好相关的内容，像攀岩、音乐、晒衣橱。很多人觉得我只有一件红衣服，一年四季都穿这一件，那我就要展示一下我的衣橱，证明我有七八十件红衣服，不存在不换衣服的情况。

当我拍摄了很多泛内容视频后，我发现这些视频的流量比我讲正经的专业话题多得多。我在路边小店吃粉的视频，流量都比我讲网络安全话题的视频来得多。最开始我很不理解，后来想明白了。认真准备的东西没人看，一些看起来随意的内容更受欢迎，这说明用户有时候需要的是情绪价值，而不是非得听 AI 方面专业、实用的内容。

所以，大家遇到“瓶颈”的时候不妨去试一试这个方法，调整内容调性，先去做一些“不务正业”的泛内容。

我想提醒的一点是，泛内容要把握好四个度——适度、跨度、高度和频度。在做内容这方面，我现在也还在探索阶段，有时候最多一天发六条。后来发现，即使内容发得多，效果也不好。现在我就准备减少内容数量，聚集到一些有能量的东西上。而适度、跨度、高度和频度这四点，就是我要调整的方向。

这四个“度”中，我重点解释一下高度。**我说的“高度”，不是人设的高度，而是内容的高度。**如果你能做一个高能量的内容，大家都觉得很有价值感，流量又大，这是最好的情况。但往往有的时候你觉得很有能量、很有价值的内容，流量一般。这种情况的一个原因是，在短视频平台上，用户的注意力转移得非常快，如果30秒内不能获得情绪价值，视频就被刷过去了。想要在30秒内讲清楚创业的道理或者与科技专业相关的话题，是非常困难的。30秒往往只能触动情绪。

从我做起，未来我可能会减少内容的输出，提升内容的质量，保持合适的、合理的频度，并且提高内容的高度，让流量有更长久的生命力。

不要羞于“蹭流量”

没流量就要蹭流量。

我觉得蹭流量不丢人。**刚开始影响力不够，想要造势的时候，借势也是一种方式。**蹭流量，只要蹭的方式合理，蹭的结果是好的，不是恶意去蹭的，就是正当的。我觉得流量没有高低之分。总有人说：“老周，你在蹭流量。”那这些批评我蹭流量的人是不是也在蹭我的流量？如果是真心不想蹭流量的人，就应该不看我的内容。而且，做事论迹而不论心，比如我卖车这件事，我、车企、二手车商，甚至很多素人，大家一起来蹭流量，这在某种程度上推动了民族汽车产业的发展，也算个小小的成就吧。

在北京车展上，很多国外的豪车品牌黯然失色，当然最主要的原因是国产车本身做得好，但做得好也得让别人知道才行。最近，我和一些领导见面交流，他们都知道我卖车的事情，还很关心我要买什么车。领导们夸我说，我卖车这件事对大众去选择国产汽车品牌，抛弃国外豪车品牌，是一件特别积极的好事。这就是蹭流量的正向结果。

因此，千万不要怕蹭流量，未来我还会继续蹭大家的流量，比如我要去提车时，会邀请车圈的几位自媒体博主跟我一起，让他们帮我验车。我们会和车厂签一个战略合作协议，其实360是要和车厂合作的。我要去探访车厂，和车厂的一把手做圆桌对话。

流量的玩法就是相互蹭，相互借力。只要最后的结果是正向的、真实的，不是虚假的，就可以。

流量和能量要平衡

对企业家来说，除了追求流量，还要讲究能量。

流量很重要，它是注意力，是眼球经济，是获客手段。作为普通人，商业模式相对简单，只要流量能够转换就足够了。对企业家来说，除了追求流量，还要讲究能量。即使发布内容的目的是吸引流量和获客，在那之后也要建立起自己的能量感。

能量感是什么？能量感是内容中的正能量。举个例子，我讲了半年的AI，可能还没有摔一次帽子的视频流量大。但摔帽子的视频有能量吗？肯定没有。这件事过去了就过去了，不会在人们心中留下任何印象。

为什么我坚持讲AI？因为它是有能量的。它虽然流量不大，但都是关心AI的人在听，我对这些人就会有影响力。一方面，AI的科普对中国未来新质生产力的发展很重要。另一方面，我自己本身也在All in AI。我所有的软件、所有的业务，包括我的智能硬件、手表都在用AI重塑，升级改造。在这方面，我有一些研究和经验。虽然现在在网上讲AI的流量不大，但我在聚集了自身流量后，还是要给关注我的人提供更高能量的内容，而不是简单的情绪价值。

对直播带货来说，也是同样的道理。有些主播粉丝很多，有1000万，但一带货就露馅，大家都不买东西，这说明主播的能量不够。有的主播只有20万粉丝，但卖东西时转化率很高，这就说明，虽然主播的流量不多，但能量很足。

我觉得，企业家应该追求流量和能量并重，双轨进行。如果只有能量，而流量不足，影响力和影响面就会比较窄。如果只有流量，而没有能量，比如我的粉丝数达到了1000万，但大家只是关注我插科打诨、抒发情绪的那一面，这样的流量对我个人或企业来说就没有价值。

只有流量和能量平衡，才能既收获影响力，又能确保影响力是积极和可持续的。

不要怕嘲笑和争议，不要太脆弱

做企业家IP一定会遇到一个敏感的问题：挨骂。

我觉得这是很多企业家一定要越过的一关。很多企业家往往选择隐身幕后、低调行事，闷声发大财。越不被人知道，不被人认识，挨骂自然就越少。所以，他们需要靠公关营销塑造正向的声音。

今天，如果企业家出来做个人IP，就会发生一种情况：聚光灯从各个方向打过来，大家拿出显微镜和放大镜审视你，用比较高的道德标准衡量你。人不是神，不是完美的，一定有很多缺点。前面我讲过，企业家不要装，要展现真性情。如果真的不装，缺点就会暴露出来，那该怎么办？先不用慌，还是那句话，每个人都会有缺点，都会犯错，这就意味着企业家也会挨骂。

挨骂了怎么办？有三种解决方法。第一种，选择不看，没看见就是没发生。第二种，拉黑，不过这种方法成本很高。第三种，真正做到胸怀宽广，把挨骂当笑话看。这还挺难做到的，有时候我看多了骂我的评论也笑不出来。这对企业家来说，是个考验。

如果这些方法还是不行，就换个角度想想：和做企业所经历的痛苦相比，和产品卖不出去相比，和企业没有收入相比，和融资融不到相比，挨骂完全不会带来生死问题。只要没有从根本上触及企业核心利益，挨骂没什么大不了的。批评是常态，不论做什么、怎么做，都不能让骂你的人消失。因此，我经常和哪吒汽车的CEO张勇说，即使是黑粉，也要谢谢他们，谢谢他们的关注和牵挂。

你越是害怕被嘲笑，越是急于出来辩解或解释，那些骂你的人就会越开心。要是你表现出无所谓的态度，他们可能慢慢就坚持不住，最终失去骂人的兴趣。甚至有很多人可能会因为你某句大度的回应而黑转粉，成为你的粉丝。

有一种天下不败的武功是，有人要和我摔跤，等对方一靠近，我就地躺倒。我已经摔倒在地了，对方还能怎么样呢？毕竟“杀人不过头点地”，我都已经把自己的势能做到最低了，对方还能继续攻击吗？

就和太极一样，有阴必有阳，是自然规律。如果期望所有人都说周鸿祎了不起、周鸿祎做得对，那周鸿祎就成“上帝”了，这是不可能的。还是那句老话：能承受多大的屈辱和诋毁，才能承受多大的赞美。

我们不可能只要赞美不要诋毁，流量越大，挨骂的风险也越大。只有3万粉丝时，我们可能看不到有人骂自己，都是员工的夸奖，因为我们所在的圈子很小。等到有3000万粉丝时，如果3000万粉丝中有1%的人来骂，那评论区就会有30万条负面留言。都不需要30

万人来骂，哪怕300人在评论区里骂，那评论区的氛围就会变得很激烈。

重要的是，不要被这些负面声音左右。有一句话是，凡是杀不死你的，都会让你更强大。人不要太脆弱。

普通人不用怕被骂，因为被骂了就换个名字从头再来，就像打不死的“小强”一样，屡败屡战，这是普通人的优势。那企业家呢？只要是经营企业超过十年的企业家，一定经历过经济周期的起伏，经历过融资困难的困境，经历过公司濒临倒闭的危机，经历过种种合伙人反水或者团队分裂。**在经历过这么多事情后，再来看挨骂这件事，你就会发现那都是小事。而且，只要能过去的，都不是大事。**

第 三 章

方法：
做IP的术

喜悦感最重要，要爱好这件事

关于IP的术，我想说，做IP的第一点，是要有喜悦感，要热爱你在做的这件事。如果不热爱，只是单纯为了流量，虽然最终客观上你会收获流量，实现商业目的，但你很可能会感到心累，会在夜深人静的时候扪心自问："为了挣这点钱受苦，值得吗？"

所以，你只有真的爱好这件事，才能享受它。

在做个人IP方面，我有两个动机。第一，我是一个话痨。我不是那种在屋里闷头写东西的人，而是在思考一段时间、写完提纲后，一定要跟人讨论的人。演讲就是我用来整理思想的一种方式，也是我的一种学习方式。

第二，我喜欢分享。无论是做产品，还是做演讲，我都有一种分享癖。当我看到我讲的东西让人们觉得有帮助，就和用了我的产品后觉得有帮助一样，我会有种巨大的成就感。

就像为什么会有开源社区的存在，为什么有人会选择做开源软件、做免费软件一样，除了商业动机之外，一定还有很多非商业动机，比如想成为英雄。

在企业家做个人IP方面，我觉得我就是为大家先打了样，如果我在这段时间内的经验和教训，能够让更多企业家有勇气下场做个人IP，那就太好了。在做这件事之前我也很犹豫，后来意识到，需要有更多企业家站出来做个人IP。现在，企业家IP的数量十个手指头都数得过来，因此我像蛮牛一样闯进这个流量池，才能有这样的机会。未来，对很多企业家来说，做个人IP还是有比较大的空间的，是值得去试一下的。如果有更多企业家加入进来做个人IP，首先就是跟我和雷军竞争，而不是跟个人博主竞争，因为大家所在的领域不一样。有可能越来越多的企业家加入做个人IP后，我的流量就没了，这一定是好事，至少将来说起来，我也算在这个时代推了大家一把。

做个人IP这件事，我就是出于这两个动机。我真的很喜欢干这件事。如果不喜欢，靠公关部每天到点催促说："老板，您看是不是该拍个短视频了？"那这件事就真的坚持不下来了。

简单且低成本，才能可持续

原来北京广播电视台有一个主持人叫姚长盛，是一个嘴巴很厉害的人。他曾经给我提过一个建议：简单、低成本才能可持续。说回到做企业家IP，也是同理。

什么意思呢？就是拿出手机随手拍，拍不好就删掉，拍好了发给公司团队剪辑，配上标题和字幕，用一种最简单的方式做企业家IP，你才能坚持做下去。欧阳修说他写文章大多数是在“三上”：马上、厕上、枕上。我拍视频也是这样，大量的内容是坐在车里、在上下班的路上拍的，有时候上厕所时想到话题也会直接拍，或者是晚上睡不着觉，坐在床头或沙发上听音乐的时候拍。随手拍，不讲究多好的视觉效果，不要求多机位，也不要求打光打灯，反正我也不靠颜值吃饭。重要的是，大家愿意接受我这个真实的人和我讲的内容，这样我才能坚持下来。

想象一下，如果每条视频都有人给你写稿，像公关采访一样改好几遍，多机位、多角度拍摄，摆个提词器，一次不行还要重新拍。偶尔一次当然没问题，如果每条视频都要这样准备，我不知道别人能不能做到，我肯定做不到。

把拍视频变得最丝滑、最简单、最低成本，对自己来说是件随手就能干的事，这样你就能坚持下来，这是我的一个宝贵经验。现在，我能够一天拍五六条视频，还很轻松。通常我拍摄一个视频，只要感觉对了，简单打个腹稿，三到五分钟就拍完了。团队剪辑起来也比较容易，只要把一些不恰当的话剪掉，加个标题就可以了。

这和锻炼是一样的道理。为什么很多人没法坚持游泳？因为游泳需要换衣服、洗澡、吹干头发，还必须去游泳馆。相比之下，跑步就容易坚持下来，在家附近或者在小区里随时就能跑。

所以，做IP，关键是要找到自己能坚持下来的方法。

利他主义和适度公益，给公众提供有价值的分享

做企业家IP，要忘记自己是公司的宣传部。

公司宣传部的责任永远是给公司做宣传的，但用户本能地不想听宣传，甚至很反感宣传。要让用户愿意看你的内容，就要利他，就要从他的视角出发，考虑他喜欢看什么，对什么感兴趣。因此，一定要多分享对用户有益的东西。

事实上，企业家都有商业经验，有创业故事，有对行业的独到见解，这些都是值得分享的内容，而且不能收费。我觉得，没有自己的主业、没有自己的公司的企业家，做私董会、做知识付费是非常合理的。

如果企业家自己有主业，把曾经攒下来的经验、商业知识做成知识付费，这个做法就有些歪了。有自己主业的企业家不要搞知识付费，不要搞私董会，也不要搞商学院，这是我的一点粗浅总结。总要做对用户有利的事，毕竟用户又不是来听你上课的。

不仅做IP要做到利他，说得再深一些，商业的本质同样如此。做生意最愚蠢的做法，就是试图把后面牵线搭桥的人踢掉，抛开法律和道德。做生意靠的就是口碑、人脉，还有资源。过河拆桥、卸磨杀驴的人，注定发不了大财。不要怕和别人分钱，我刚入江湖的时候，有个大哥给我讲了一句话，让我受用终身。“帮助别人成功的事业最成功，帮助别人赚钱的生意最赚钱，我们要学会把成功和伙伴来分享，我们要学会把收益和商业链条中的各路伙伴来分享。”

很多人总觉得产品是我做的，技术是我的，我应该拿大头，其实想错了，因为能把东西卖出去才是商业真正的力量，否则再好的技术，卖不出去，它的价值也得不到变现。比如，别人直播带货，能够帮你把东西卖得到处都是，他可能会拿更多的分成。商业上的逻辑可能就是这么独特吧。

让用户有参与感，很重要

我曾经很迷惑，因为我看了抖音上的很多短视频课程，跟市场部说：“完了，我这个风格在抖音上的完播率肯定特别低。”我的每条视频平均时长三到五分钟，没有完播率就没有推广能力，抖音就不会推荐我的视频，那视频数据就不会很好看。

“下面我讲的这个事情真的很重要，请你一定要看完。最好你点个赞，你如果不看完，你的公司就会倒闭了。”很多抖音课程里讲一定要“上钩子”，而我通常的做法是直接进入主题，比如我会说“从前有座山，山上有座庙”，然后就开始讲我的内容。后来我尝试按照抖音的规则做过几次视频，觉得很痛苦，觉得如果必须遵循抖音的规则来输出内容，那我就不是我了，但是我又面临流量的压力。

这时，我的一些朋友鼓励我说："管他呢，也许你就适合在抖音上做长视频，做啰里吧唆的视频，做没有钩子的视频，可能总会有人喜欢你，你就别去想规则了。"现在，我已经无视所谓抖音和视频号的规则，我就做自己。

让用户有参与感，这一点我是从小米那里学到的。小米是最早玩粉丝经济的公司，正好又碰上短视频热潮，这两点一结合，就起到了化学作用。小米的经验，**总结一点，就是让用户有参与感。**

小米的联合创始人黎万强写过一本书，就叫作《参与感》，其中提到在企业运营过程中，如何快速构建参与感，他的回答是："构建参与感，就是把做产品、做服务、做品牌、做销售的过程开放，让用户参与进来，建立一个可触碰、可拥有、和用户共同成长的品牌！”为此，小米内部总结了三个战略和三个战术，称为“参与感三三法则”。三个战略：做爆品，做粉丝，做自媒体。三个战术：开放参与节点，设计互动方式，扩散口碑事件。

说到底，大家的核心观点都是一致的，不能自说自话，不能把自己的需求当作全世界所有人的需求，要让用户有参与感。

Think Different

Think Different（不同凡“想”）是一种让自己逆向思考的思维。

还记得蝙蝠的故事吗？蝙蝠撞见走兽说自己是走兽，撞见飞禽说自己是飞禽，结果它的谎话露馅了，飞禽和走兽都不待见它。按照Think Different的哲学思想，当蝙蝠撞见走兽的时候，应该骄傲地说自己是飞禽，显示自己和走兽不一样，自己能飞；当蝙蝠碰见飞禽时，应该说自己是走兽，跟飞禽与众不同。这才是Think Different的精髓。

Think Different这件事说起来容易，做起来却非常难，因为它是反人性的。为什么我们会有从众心理，想要模仿别人？因为我们的大脑在进化过程中倾向于节省能量，而模仿可以大大降低能耗，有利于我们在能量匮乏的环境中生存下来。但是，模仿会带来一个问题：当环境变化导致过去的行为变得非常低效时，我们仍然会因为惯性而用旧的思路来解决新的问题。这就有点像守株待兔或者刻舟求剑。面对生活中的问题，用现有的方法论来实现目标，最后可能陷入路径依赖，导致低效率，陷入死胡同。事实上，如果你有一个非凡的目标，只能用非凡的路径来实现，这才是真正的Think Different，是和别人完全不同的思维模式。

像做IP，模仿他人很容易，可以模仿雷军，模仿俞敏洪，但他们身上的很多东西是我们学不来的。因此我做IP时，就是把自己最真实的一面展现出来，把我的经历、思考、爱好一一呈现，没人走过我这条路，但这就是有价值、有市场的。

很多时候，我们做一件事仅仅是因为别人也这么做，没有认真思考别人为什么要这么做，自己是否应该这么做，就像东施效颦。**模仿可以获得暂时的归属感，代价是失去了发掘自身真正潜力的机会。**每个人都有自己独特的能力和天赋，这种天赋无法靠模仿别人来唤醒，需要对自己有一个深刻的认识，通过底层推理来交叉验证自己的决定是不是正确的。

一个错误的人生决定会让自己浪费数年甚至数十年的光阴，走入错误的方向。打个比方，你以为你爬的是那座最高的山，好不容易爬到半山腰，却发现最高的山在另外一个地方，这时候你会怎么选择呢？大部分人会按照惯性继续爬，很少有人有勇气转身从零开始。后者其实也叫Think Different。

当年360做免费杀毒软件也是用了Think Different思维：别人收费，我就免费；别人很贵，我就很便宜；别人很麻烦，我就很方便。总而言之，就是跟别人对着来，不按别人的游戏规则出牌。

最近我们在做AI大模型。OpenAI做大模型的思路是越做越大，越做越卷，算力卷、数据卷、模型卷、人才卷、能源卷，要把这个模型打造成通用大模型、万能大模型，让全世界的人都用这一个模型解决任何问题。在这一方面，OpenAI已经遥遥领先，那我们其他创业者、创业公司在做大模型时，一定是卷不过OpenAI的。

因此，现在就要反过来用Think Different的思路：它越做越大，我能不能越做越小？它越做越通用，我能不能越做越专用？它在云端部署、全世界通用，那我能不能在内部部署，私有化数据？

一旦换了思路，很多问题就迎刃而解。比如，做专业大模型不需要百亿、千亿甚至万亿的参数，可能几十亿的参数就够用了。参数小了之后对算力的要求降低了，卡脖子的算力问题也就迎刃而解了。

总的来说，**Think Different就是通过与众不同的反向操作，找到自己独特的差异化定位，不和强者比**

其长处，而是另辟蹊径，创造自己独特的主场。

在做IP这方面，虽然刚开始我的主场很小，但只要在我的主场，就是我的游戏规则在起作用，因为我是定规则的人。

讲真话、讲实话、说人话。

真诚最能打动人心。

出错很正常，脸皮要厚，也要真诚认错。

用户视角，先谈Why，再谈What，少谈How。

没有天才，只
有刻意练习。

企业家IP的本质，是和用户沟通，和用户交朋友。

该自嘲就自嘲，
该自黑就自黑，
关键在于心态、
敢不敢做。

做真实的自己，
是最大的流量
密码。

不要迷信策划，但可以做第一推手。

流量和能量要平衡。